"FUSS!"

Vom ersten Schritt und von der
ersten Pfote mit Spaß und Freude
zu einer sauberen Fußarbeit beim
Hundesport und als Vorbereitung
auf den Team-Test und die
Begleithundeprüfung.

Erstausgabe: März 2008

ISBN 978-3-00-024019-5

Verleger: Christoph Wagner, D-72131 Ofterdingen, Heimgartenstraße 12/1
Gesamtherstellung: Laupp & Göbel, Satz+Druck, D-72147 Nehren, Talstraße 14

Mehr unter: www.dancing-bobtail.de

Inhaltsverzeichnis

"FUSS!"

Die Autoren Gabi und Cessy

Gabi Wagner und Secret Love aus dem Rotmaintal

Cessy ist ein Bobtailmädel, geboren am 15.06.2001. Sie liebt Dogdance, macht sehr gerne Obedience und auch durch einen Agility-Parcours rennt sie ganz flott durch, wenn sie „gut drauf" ist, sonst ist sie eher etwas langsamer.

Diese drei Hundesportarten betreiben wir – nicht „verbissen" – und nicht um überall Erste zu werden – sondern in allererster Linie deshalb, weil wir Spaß haben am gemeinsamen Tun und gern was Neues lernen. Und weil wir inzwischen ganz gut sind und unsere Leistungen auch mal zeigen möchten, nehmen wir an Dogdance-Turnieren teil und machen auch mal eine Obedience-Prüfung.

2003 war Cessy 2 Jahre alt und wir haben zusammen den TEAM-TEST bestanden mit 145 Punkten. 2004 sind wir bei der Begleithundeprüfung durchgerasselt, unter anderem wegen unserer äußerst unsauberen Fußarbeit. Dies war dann der Grund dafür, dass wir uns intensiv weitergebildet haben.

Wir begannen zu Clickern, besuchten jede Menge Seminare und Workshops, lasen x Bücher zum Thema Hunde-Erziehung, -Ausbildung und -Fußarbeit. In dieser Zeit begannen wir auch mit Dogdance und dieser Sportart verdanken wir unsere ganz spezielle, enge Bindung.

2005 traten wir erneut bei der BEGLEITHUNDEPRÜFUNG an und diesmal klappte es.

Jetzt waren wir schon „dran" an der Fußarbeit und so trainierten wir weiter im Obedience. Im Mai 2006 legten wir unsere erste Obedience-Prüfung ab und erreichten auf Anhieb eine V-Wertung mit 265,5 Punkten in der OBEDIENCE-BEGINNER-KLASSE.

2007 war nicht „unser" Jahr. In dem Jahr hatte sich jeder von uns beiden einer größeren Operation zu unterziehen, der eine im Frühjahr und der andere im Herbst. Außer an einem DOGDANCE-FUNTURNIER haben wir deshalb an keinen Prüfungen teilgenommen.

Da eine schöne Fußarbeit für alle Hundesportarten wichtig ist, sind wir an dem Thema drangeblieben. An unserem *„FUSS"* trainieren wir ständig, da es hierbei immer noch was zu verbessern gibt. Unserer Meinung nach gibt es sowieso nur ganz wenige Teams, die von sich behaupten können, ihre Fußarbeit sei perfekt – unsere ist es nicht, aber wir arbeiten dran.

Immer noch besuchen wir regelmäßig Seminare bei bekannten und erfolgreichen Hundesportlern und sobald es diesbezüglich ein neues Buch oder ein Video auf dem Markt gibt, wird es bestellt.

Alle Tipps, die wir auf diese Art bekommen haben, haben wir ausprobiert und auf ihre Tauglichkeit hin getestet.

Wobei der Begriff „Tauglichkeit" natürlich relativ ist: was für das eine Team taugt, funktioniert vielleicht beim anderen gar nicht. Das ist uns durchaus bewusst. Da wir aber dadurch, dass wir einige Übungsleitererfahrung mit Welpenkursen, Junghundekursen und Clicker- und Dogdancekursen haben, an vielen Hunden der unterschiedlichsten Rassen und „Hundecharaktere" gesehen haben, welche Hilfen und Übungen zu einer schönen Fußarbeit führen, denken wir, dass unsere Hinführung zur Fußarbeit vielen Teams hilfreich sein kann.

Wer sich informieren möchte über unsere Aktivitäten und Seminarbesuche, kann das auf unserer Homepage tun:

http://www.dancing-bobtail.de

Fußtraining

Zielvorstellung

Das Gehen neben dem Hundeführer an der lockeren Leine darf nicht verwechselt oder gleichgesetzt werden mit dem Verhalten, das im Hundesport auf das Wortkommando *„FUSS"* hin ausgeführt werden soll. Darum geben wir für dieses Mitkommen an lockerer Leine auch nicht das Kommando *„FUSS"*, sondern hierfür sagen wir *„Bei mir"* oder *„Langsam"* oder ...

Hier die Beschreibung dessen, was man sich unter dem Kommandowort *„FUSS"* vorstellen muss, aus der Prüfungsordnung Obedience:

Leinenführigkeit:

Der Hund muss, an der linken Seite des Hundeführers geführt, in einem guten Tempo und aufmerksam, an loser Leine, unmittelbar neben dem Hundeführer, folgen (Schulter auf Kniehöhe) und zwar so, dass er diesen in keiner Weise bei seinen Bewegungen behindert.

Richtungsänderungen nach rechts und links müssen mit einem Winkel von 90° ausgeführt werden. Bei Linksumkehrt kann ein kleiner Bogen nach links gemacht werden. Das Halt muss frei und plötzlich geschehen, der Hund muss sich hierbei unmittelbar aus eigener Bewegung setzen. Beim Vorwärts, nach einem Haltmachen auf Anweisung, darf ein Hörzeichen gegeben werden. Bei Tempowechseln ist es erlaubt, ein Hörzeichen zu geben. Die Leine wird in der linken Hand gehalten und muss durchhängen. Die Arme müssen normal bewegt werden. Der linke Arm darf hierbei leicht gebogen sein, jedoch nicht in der direkten Nähe, vor oder fest gegen den Körper gehalten werden. Beim Anhalten muss der Hund gerade neben seinem Hundeführer sitzen.

Für die **Freifolge**, das ist die Fußarbeit ohne Leine, gilt dasselbe – aber hier müssen die Arme des Hundeführers locker mitschwingen, der linke Arm hat nun keine Leine zu tragen und muss normal bewegt werden.

Das ist also unsere Zielvorstellung. Darauf arbeiten wir hin und zwar in kleinen Schritten. Immer geht es ein kleines Stück weiter auf dem Weg zur schönen Fußarbeit.

Etwas vorneweg:

In der Hundeerziehung geht nichts von heut auf morgen! Ihr braucht eine große Portion Geduld. Bis ihr eine wirklich tolle Fußarbeit hinbekommt, dauert es seeeehr lange.

Wozu das Ganze?

Die bestandene Begleithundeprüfung, die zum großen Teil aus Fußarbeit besteht, ist Voraussetzung für die Teilnahme an Turnieren und Prüfungen – also, für fast alle hundesportlichen Aktivitäten, bei denen man sich im Wettkampf mit anderen misst.

Eine Ausnahme ist die Hundesportart Dogdance. Hierfür braucht man keine BH-Prüfung. Es widerspräche wohl auch dem, was für eine Dogdance-Darbietung enorm wichtig ist, nämlich der Kreativität und der Individualität, wenn man die Dogdancer zwingen würde, die ganzen „Prüfungs-Vorschriften" in der Unterordnung befolgen zu müssen. Nichtsdestotrotz, viele Dogdancer sind auch im Obedience unterwegs und haben die BH-Prüfung. Was man aber auch beim Dogdance unbedingt braucht, ist eine saubere Fußarbeit, einen guten Grundgehorsam und die Konzentration des Hundes auf seinen Hundeführer.

Und nicht zuletzt ist es einfach schön, ein Mensch-Hund-Team in einer sauberen Fußposition arbeiten zu sehen und den Spaß und die Freude der Beiden mitzuempfinden.

Unsere Arbeitsweise

Wir arbeiten über die **Positive Verstärkung**. Dieser Begriff stammt aus der Verhaltensbiologie und der Psychologie, die sich unter anderem auch damit beschäftigen, wie Lernen vor sich geht. Im Zuge vieler verschiedener Experimente hat sich gezeigt, dass ein bestimmtes Verhalten dann häufiger oder intensiver gezeigt wird, wenn gleich danach etwas Angenehmes erlebt wird. Im Fachjargon sagt man: Ein Verhalten wurde positiv verstärkt.
Dabei benutzen wir den **Clicker** oder **ein Clickerwort = ein „Belohnungswort"**. Ein Belohnungswort ist ein kurzes, hell und freudig gesprochenes Wort, das sofern wir den Hund auf das Wort konditioniert haben – wie man das auch im Clickertraining mit dem Clicker tut, im richtigen Moment ausgesprochen, für den Hund zum Signal wird, dass er seine Sache gut gemacht hat und dafür eine Belohnung bekommt, die daraufhin immer zuverlässig erfolgen muss. So bekommt dieses Wort für den Hund dieselbe Bedeutung wie der **Click** beim Clickertraining. Unser Belohnungswort ist „*JAAA!!*" – andere „taugliche" Worte hierfür wären zum Beispiel: *FEIN – SUPER – GUT* ...

Wir machen dem Hund deutlich, welches Verhalten gewünscht wird. Zeigt der Hund das gewünschte Verhalten, so wird er bestätigt, mit dem Belohnungswort oder mit dem Clicker und es folgt die Belohnung in Form von Leckerchen, Spielen, Streicheln, ...

Wenn Fehler passieren, dann wird das ignoriert oder wir sagen dem Hund mit einem kleinen Wort – „*SCHADE*" – ohne große Emotionen, dass es dafür nun keine Belohnung gibt und wir die Übung einfach noch mal machen. Beim Wiederholen der Übung geben wir dann vorübergehend etwas mehr Hilfen, sodass möglichst keine Fehler mehr passieren und der Hund sein positives Trainingserlebnis in Form von Bestätigung und Belohnung bekommt.

Arbeitet der Hund in die falsche Richtung – weg vom Thema – dann teilen wir ihm das mit dem Wort „*FALSCH*" (auch hier ganz neutral, ohne große Emotionen gesprochen) mit. Mit der Zeit lernt der Hund dann die Bedeutung dieses Wortes: *„Es lohnt sich nicht, so weiterzumachen. Beginn noch mal von vorne und mach es anders - besser!"*

Jedem Training – egal, was trainiert wird – geht eine **Konzentrationsübung** voraus! Nur wenn euer Hund auf euch konzentriert ist, kommen eure Aktionen und Kommandos an. Ihr müsst euren Hund „einschalten".

Gut eignet sich hierfür das Clickern/Loben und Belohnen des Blickkontakts, oder auch nach hinten weglaufen – der Hund läuft euch gegenüber mit und schaut euch an, ihr gebt dem Hund eine kleine, leichte Aufgabe zum Einstieg (irgendwas, was euer Hund gern macht …). Entwerft euer ganz persönliches Aufwärmritual – wichtig dabei: der Hund wird gaaanz oft belohnt und stellt sich so darauf ein: *„Es lohnt sich, wenn ich jetzt aufpass und mitmach."*

Und dann gilt für jede Trainingseinheit:
Kurze Trainingszeit, 3–10 Minuten pro Übungsziel, und das Gesamtbild der Übung in lauter Einzelteile zerlegen – immer ein solches Einzelteil in einer Trainingseinheit trainieren – und mit einer guten Lösung und dann natürlich viel Lob und Belohnung die Einheit beenden und den Hund aus der Konzentration entlassen.
Auch dieses **„Entlassen"** sollte für den Hund ein deutliches Zeichen sein, dass er weiß: *„Jetzt kann ich rumschnüffeln oder abliegen oder in der Gegend rumschauen - ich hab grad „frei"."* Sagt ihm dann zum Beispiel einfach: *„FERTIG"* oder *„PAUSE"*.

Sind alle **Einzelteile einer Gesamtübung** trainiert, dann setzen wir diese Teile im Training zum Gesamtbild zusammen. Gibt es Probleme bei der Ausführung der Gesamtübung, beobachtet genau, welches Einzelteil des Gesamtbildes nicht funktioniert und nehmt euch genau das dann noch mal in kleinen Trainingseinheiten vor. Wir trainieren lieber mehrmals in der Woche für ca. 5 Minuten an einem kleinen Trainingsziel als einmal eine halbe Stunde lang.

Wie „sagen" wir unserem Hund, was er tun soll?
Um dem Hund zu zeigen, was erwartet wird, haben wir die Möglichkeit, ihn mit Futter vor der Nase entsprechend zu führen. Der Nachteil dabei ist, das Hunde-Hirn schaltet aus.
Der Hund führt die gewünschte Handlung zwar aus, er bekommt aber nicht so recht mit, was er da tut – es gibt für ihn kein Bild im Kopf/kein Bild von der Übung, die trainiert werden soll – er sieht nur das Leckerchen und das Leckerchen-Bild ist dann im Kopf. Also wenn wir mit Leckerchen „locken", dann sollte das Leckerchen möglichst nicht direkt vor die Nase gehalten werden und vor allem nach 2–3maligem Üben mit dem Futter sollte dieses aus der Hand verschwinden und erst nach erbrachter Leistung als Belohnung wieder zum Einsatz kommen. Das **„Futterlocken"** ist aber nicht grundsätzlich zu verdammen, sondern für manche Hunde in gewissen Situationen und Übungsstadien durchaus als Hilfe angebracht.

Unsere Arbeitsweise

Besser als das Futterlocken ist es aber, mit Targets zu arbeiten: mit Handtarget und dem Targetstab. Der Targetstab bewährt sich besonders in der Arbeit mit kleinen Hunden, da damit der Rücken des Hundeführers geschont wird, der beim Handtarget-Training natürlich ständig in gebückter Haltung unterwegs ist. Das Target-Training sollte dem Fußtraining vorausgehen, da es uns später die Arbeit erheblich erleichtert. Target-Training gibt es in ganz unterschiedlichen Arten, für das Fußtraining schalten wir das folgende Target-Training vor, nämlich, dass der Hund dafür gelobt und belohnt wird, dass er die Hand des Hundeführers* oder die Spitze eines Targetstabs mit der Nase berührt.

Wenn der Hund das zuverlässig und gern tut, dann kann man ihn mit den Targets in die gewünschte Position „führen".

Und für Clickerhunde, das sind Hunde, die gelernt haben, kreativ zu sein und verschiedene Verhaltensweisen anzubieten, bietet sich bei vielen Übungen auch das Shapen/Formen mit der entsprechenden Zielvorstellung an. Jedes angebotene Verhalten des Hundes in Richtung Zielverhalten wird bestätigt und belohnt, bis wir schließlich am Ziel angelangt sind.

*Hundeführer = HF – im weiteren Text steht dieses **HF** für Hundeführer

Und noch was zum Thema Belohnen:

Bei **Leckerchen** eignen sich besonders gut klein geschnittene Wurst-, Käse-, gekochte Leber-, Pfannkuchen-…stückchen – einfach alles, was mit einem Haps runtergeschluckt werden kann und nicht im Magen aufquillt, also kein Trockenfutter! Trockenfutter wäre auch zu langweilig – es sollte etwas Tolles, Außergewöhnliches sein, wofür es sich für den Hund lohnt zu arbeiten, etwas, wofür er sich richtig anstrengt. Man kann zum Beispiel dann für tolle Lösungen der Aufgabe auch ein besonders tolles Futter oder einen **Jackpot** (= eine ganze Hand voll Futter) geben und dem Hund auf diese Art zeigen, dass er seine Sache super gemacht hat.

Belohnung ist auch ein tolles **Spiel** mit dem Hundeführer mit einem Spielzeug, das der Hund total liebt und das er sonst nicht zur freien Verfügung hat, das nur im Training zum Spiel mit seinem HF benutzt wird und ansonsten vom HF aufbewahrt wird.

Was viele Hunde auch als eine ganz tolle Belohnung empfinden ist, wenn ihr Mensch sich sichtbar für den Hund freut, jubelt und ihn streichelt – einfach mal **„Party macht"** mit dem Hund.

Beim Belohnen des Hundes für gute Leistungen gilt:

Beobachtet euren Hund und dann wisst ihr, welche Belohnung für ihn in der jeweiligen Situation das Tollste ist – das kann durchaus von der Situation abhängig sein und für die jeweilige Stimmung verschieden sein.

Man kann auch entsprechend der erbrachten Leistung die Belohnungsstärke abwechseln.

Beispiel:
Wir trainieren ein schnelles Sitz aus der Bewegung

- unser Hund setzt sich zwar, aber nicht schnell = verbales Lob und neu beginnen
- mit etwas mehr Hilfe setzt er sich nun schneller = ein nettes Leckerchen
- ohne diese Hilfe, nur auf das Wort hin setzt er sich schnell = Jackpot oder eine ganz besondere Leckerchen-Belohnung (z. B. Leberwurst schlecken von der Tube) oder ein tolles Spiel …

Unsere Arbeitsweise

Seid nicht berechenbar für den Hund – belohnt nicht immer an der gleichen Stelle beim Training und nicht immer mit der gleichen Häufigkeit – ganz variabel belohnen – so konzentriert sich euer Hund am besten auf euch, weil er nie weiß, wann die Belohnung kommt und immer damit rechnen kann, dass sie kommt. Er lernt dadurch, dass Aufmerksamkeit und „dabei bleiben" sich lohnen.

Grundstellung

Das Bild im Hunde-Kopf

Zunächst muss man dem Hund „sagen/zeigen", was das ist. Er braucht eine Zielvorstellung, ein Bild im Kopf, damit er die gestellte Aufgabe versteht und lösen kann. SITZ zuverlässig ausgeführt und einen Moment lang gehalten mit Konzentration auf den Hundeführer ist Voraussetzung für die folgenden Übungen.

ACHTUNG!

Ein gegebenes Kommando darf der Hund nicht selbständig aufheben – das Kommando hebt der Hundeführer auf mit einem C+B oder einem gesprochenen *„OK"*. Das gilt für ALLE Kommandos, die ihr eurem Hund gebt.

1. Wir bringen den Hund ins *„SITZ"* und der Hundeführer (HF) stellt sich neben den Hund (Hund links vom HF) in die richtige Position (Hundeschultern eng am Knie des HFs und Hundepfoten auf gleicher Höhe mit den Füßen) – nach und nach immer enger an den Hund rantreten, sodass wir eine Bilderbuch-Grundstellung erarbeiten. Bei guter Position und Blick hoch zum HF – Clicken oder Lobwort und Belohnung in Form von Leckie oder Spiel*. Für das Hochschauen zum Hundeführer kann ein Kommando eingeführt werden, wenn der Hund es schon ganz gut macht. Hierfür könnt ihr *„SCHAU – KUCK – LOOK* – oder *WATCH ME!"* sagen. Wenn die perfekte Position erarbeitet ist – „festfüttern" (= viele gute Leckerchen nacheinander eng am Bein füttern) und dann auflösen und spielen.

Beim weiteren Üben wird dann nur noch diese perfekte Position belohnt. Wichtig hierbei ist auch, dass der HF möglichst gerade und aufrecht, nicht gebückt steht, Schultern gerade und Kopf gerade. Denn auch dieses Bild setzt sich im Kopf des Hundes als Zielvorstellung fest.

Beim Üben kann eine Hilfsperson dann die richtige Stellung besser sehen als der HF und dem HF sagen, wann er loben soll. Zu Hause kann man auch vor einem Spiegel trainieren und sieht dann ebenfalls, ob der Hund gerade, auf richtiger Höhe und mit Blick nach oben sitzt.

*Clicken/Belohnungswort+Belohnung = C+B im weiteren Text

Beim Training mit kleinen Hunderassen oder Welpen kann man diese unter 1.) beschriebene Hinführung zur Grundstellung auch so üben:

Der HF kniet neben dem Hund, dabei ist der Oberkörper aufrecht und man setzt sich nicht runter. Der Hund sitzt an der Hosennaht. Gefüttert wird in der Verlängerung der Hosennaht nach oben, so dass der Blick des Hundes hochgerichtet wird. Auf diese Weise lernt ein kleiner Hund, sich gerade neben seinen HF zu setzen. Wenn diese Position dann gut klappt, wird im Stehen geübt.

VORSICHT!

Nicht zu früh beginnen! – Welpen sollten zuerst mal Welpen sein dürfen und spielen – dann ihren Namen und *„KOMM"* lernen – eine gute Bindung zum HF aufbauen über gemeinsame Unternehmungen und Spiel – lernen, dass man an der Leine gehen kann ohne zu ziehen … – da gibt es zunächst ganz viele Dinge, die Vorrang haben – dann sollten sie ein Sitz beherrschen.

2. Die wie in 1.) erarbeitete Grundstellung mit Blick nach oben und Konzentration auf den HF soll nun längere Zeit gehalten werden, auch dann, wenn der HF seinen Hund dabei nicht anschaut, sondern seinen Blick geradeaus nach vorne richtet. Zunächst zählen wir in Gedanken: 23 – 24 – 25 (dies sind dann etwa 2–3 Sekunden, das ist genug für den Anfang) – dann C+B. Danach zählen wir: 23 – 24 – 25 – 26 – 27 – dann C+B …

VORSICHT FEHLER!!

Bei den folgenden beiden Bildern ist der Abstand zwischen Hund und HF zu groß, der Hund muss enger am Bein sitzen und auf dem zweiten Bild sitzt der Hund außerdem schräg und nicht gerade.

Grundstellung · Das Bild im Hunde-Kopf

Manchen Hunden hilft es, wenn der HF ein Leckerchen im Mund hat und daraus die Belohnung kommt – sie werden den Mund ihres HFs nicht aus den Augen lassen. Von dort oben können geübte Hunde ihre Leckerchen auch nach Zuspucken fangen. Eine Gefahr dabei ist allerdings, dass einige Hunde sich dann zu weit nach vorne positionieren und/oder ihren Po rausdrehen, damit sie ja auch den Mund im Auge haben, besonders kleine Hunde werden „vorkommen".
Die Gefahr des Vorkommens ist geringer, wenn der Hund immer in der richtigen Position – an der Hosennaht und bei großen Rassen in deren Verlängerung nach oben – seine Belohnung bekommt. Ihr clickt/bestätigt hier für korrektes Verhalten und wenn der Hund nach dem Click/Lobwort seine Position verändert und rausdreht oder vor kommt, dann macht das nichts, ihr füttert ihn dann einfach wieder in die korrekte Position hinein.

Wie bei allen Übungsmöglichkeiten, die wir angeben, müsst ihr einfach testen, was für euch beide als Team die geeignete Übungsmöglichkeit ist und was zu euch passt.

Sobald die Stellung länger gehalten werden kann, üben wir mit zunächst geringer Ablenkung (z. B. geht ein Mensch in 2–3 m Abstand vorbei) und steigern diese Ablenkung allmählich (z. B. der Mensch geht in geringem Abstand um das Team rum – ein anderes Mensch-Hund-Team geht vorbei, ... und umrundet schließlich auch, ein vorbeikullernder Ball soll ignoriert werden ...).

Der Phantasie sind beim Ablenkungstraining keine Grenzen gesetzt.

ABER!

Kein Ablenkungsgegenstand (Ball oder Ähnliches), keine andere Person und kein anderer Hund darf euren hoch schauenden Hund berühren – er muss sich auf euch verlassen können, dass alles, was ihr von ihm fordert, für ihn völlig **ungefährlich** und **nicht bedrohlich** ist.

Beim Halten der Aufmerksamkeit trotz der Ablenkung: C+B.

Diese Übung wird dann auch an allen möglichen anderen Orten, nicht nur auf dem Hundeplatz trainiert.

Grundstellung

Training

Bisher musste der Hund die Grundstellung nicht selbst einnehmen. **Jetzt arbeiten wir daran, dass der Hund aktiv wird und die Grundstellungs-Position einnimmt.** In den folgenden Abschnitten zeigen wir ein paar Übungsmöglichkeiten auf:

1. Gehen – Hund links vom HF – dann Anhalten – und mit dem Handtarget (bei kleinen Hunden auch mit dem Targetstab) oder notfalls auch mal mit einem Leckerchen in der Hand helfen, die Position zu finden.

ACHTUNG!

Wenn das Target (Hand oder Stab) oder das Leckerchen nach außen, vom HF weg gedreht wird, kommt der Hundepo zum Knie her und wenn ihr das Target zu euch hin dreht, rückt der Hundepo nach außen – weg von euch! Der Hundepo bewegt sich immer in Gegenrichtung zum Target!

Hier könnt ihr euch schon angewöhnen, mit immer derselben Schrittfolge anzuhalten. So setzt sich diese Schrittfolge zusammen mit dem Anhalten im Kopf des Hundes fest und mit der Zeit wird sich euer Hund auch ohne das SITZ-Kommando bei dieser Schrittfolge in die Grundstellung begeben. Wir machen zum Beispiel einen etwas kürzeren rechten Schritt, bei dem wir dann das Kommando *„SITZ"* geben und dann stellen wir den linken Fuß neben den rechten und halten an.

Hilfreich kann es hier für Hunde, die nicht eng genug oder schräg sitzen, sein, wenn man im entsprechenden Abstand zu einer Wand (Hund zwischen Wand und HF) übt, das hilft dem Hund, sich eng und gerade neben den HF zu setzen, wenn dieser stehen bleibt.

Bei der Verwendung von Hilfsmitteln gilt immer: **So viel Hilfe wie nötig aber nicht mehr** – und es gilt auch: **so wenig Hilfen wie möglich** – weil alle Hilfen, die wir geben, später wieder abgebaut werden müssen. In Prüfungen sind keine Hilfsmittel und Körperhilfen erlaubt.

2. Der Hund steht gegenüber vom HF und umkreist den HF über rechts nach links – auch hierbei wird der Handtarget oder der Targetstab eingesetzt, um dem Hund den richtigen Weg zu zeigen. Und danach erfolgt die Grundstellung, deren „Bild" ja schon im Hundekopf „verankert" ist, am linken Bein des HFs. Hierfür verwenden wir dann bei guter Ausführung das Kommandowort *„FUSS"*.

Eine Hilfsperson sieht hinten, ob der Hund den HF eng umrundet und kann bei guter Ausführung das Zeichen zum Loben geben.

Grundstellung · Training

Die Übung „sitzt" dann, wenn das Kommando nur auf das Wort *„FUSS"* hin ausgeführt wird, ohne andere Körperhilfen und der Hund die Übung ausführt, egal wo der Hundeführer steht, gegenüber vom Hund, schräg rechts/links vom Hund, in größerem Abstand zum Hund …

3. Der Hund steht dem HF gegenüber und dreht seine Hinterseite nach außen und hinten, sodass er am linken Knie des HFs ankommt – auch dabei arbeiten wir mit dem Handtarget. Hier ist unser Kommandowort *„RAN"*.

Wir führen den Hund in einem weiten Außenkreis mit der linken Hand nach hinten im Ausfallschritt (linkes Bein hinten) und mit dem Hund geht unser Bein wieder mit nach vorne, neben das rechte Bein und der Hund in die Grundstellungsposition, deren Bild er ja bereits „im Kopf" hat.

Bei dieser Übung kommen nur Hunde zu einem guten Erfolg, die ihre Hinterhand aktiv bewegen. Es ist also zu empfehlen, mit dem Hund das Rückwärtsgehen und das Seitwärtsgehen zu üben. So hat er es wesentlich einfacher, das RAN auszuführen.

Seitwärts ranrücken kann man gut an der Bordsteinkante üben: Grundstellung einnehmen und zur Seite einen Schritt vom Hund weggehen und ihn nachrücken lassen.
Rückwärts gehen könnt ihr auch zu Hause üben an einer engen Stelle – z. B. zwischen Couch und Couchtisch: stellt euch vor euren Hund und geht einfach einen kleinen Schritt auf den Hund zu, sodass er nach hinten ausweicht und belohnt dieses Rückwärtsgehen sofort.

Auch hier gilt:
Die Übung „sitzt" erst dann wirklich, wenn euer Hund das Kommando ohne Sichtzeichen auf das Wort *„RAN"* hin ausführt, egal ob ihr schräg neben dem Hund oder vor dem Hund steht.

Ob euer Hund leichter mit der 2.) oder lieber mit der 3.) Variante klar kommt, ist eigentlich egal. Aber eine der beiden Arten, in die Grundstellung aus dem Gegenüberstehen zu kommen und das Einnehmen der Grundstellung beim Anhalten, sollte euer Hund beherrschen, da ihr das in Prüfungen braucht.

Man sollte seinen Hund sowieso immer genau beobachten, um zu sehen, welche Methode für ihn am besten ist – es gibt nämlich keine Patentlösung!! **Findet euren eigenen Trainingsstil!** Manche Hunde arbeiten lieber mit Leckerchen, anderen ist das Spielen wichtiger – findet die passende Kombination aus Belohnung mit Leckies und Belohnung mit Spiel.

Auch hier gilt wieder, die eingenommene Grundstellung konzentriert halten! Und dann wieder Training mit Ablenkung und an verschiedenen Orten!

"FUSS"

Das Bild im Hunde-Kopf

Aus der Grundstellung beginnen wir die Fußarbeit erst dann, wenn die Grundstellung wirklich gut sitzt und erarbeitet ist. Was wir aber neben dem Grundstellungstraining schon üben können, ist es, dem Hund wieder eine Zielvorstellung – ein Bild im Kopf – zu geben, von dem, was Fußarbeit ist. Der Hund soll seine Position am linken Bein des HFs „erleben" und aktiv aufsuchen.

1. Wir bewegen uns mit ein paar kleinen Laufschritten rückwärts und der Hund ist uns gegenüber und läuft mit. Wir haben die Aufmerksamkeit unseres Hundes und dann drehen wir uns über unsere rechte Schulter nach vorn, sodass wir in derselben Richtung gehen wie unser Hund, den wir nun mit Handtarget an unsere linke Seite führen – und wenn er in der korrekten Position ist (Hundeschulter auf Kniehöhe): C+B.

2. Wie 1.) und nun gehen wir 2–3 Schritte mit dem Hund in der Fußposition und dann wieder C+B. Sollte hier beim Gehen in der Fußposition die Konzentration des Hundes „verloren" gehen, das heißt, er schaut weg und lässt sich durch irgendetwas ablenken, dann laufen wir sofort wieder rückwärts weg in die Gegenrichtung und wenn er uns dann wieder folgt und aufmerksam ist, dann drehen wir wieder rein in die Fußposition und C+B.

3. Wir trainieren das auch mit der **„Hohen Hand"**. Die Hohe Hand ist eine Mischung aus Locken mit Leckies und Handtarget. Die linke Hand wird mit der Handfläche nach oben ziemlich hoch gehalten, dabei befinden sich anfangs 2–3 Leckerchen darin. Der Hund weiß das, es wird ihm gezeigt, was darin ist und man geht los und der Hund geht unter der Hand mit, die so gehalten werden muss, dass der Hund mit seiner Schulter auf Kniehöhe geht. Bei der korrekten Position – C+B – ein Leckerchen abgeben – Hand hoch und weitergehen, der Hund „sucht" sich wieder die entsprechende Position zur Hand – wenn die Hand leer ist, wird der Hund trotzdem weitergehen, weil er Leckerchen in der Hand vermutet und dann C+Jackpot.

VORSICHT!

Manche Hunde hüpfen anfangs hoch zur Hohen Hand, um an das darin befindliche Futter oder Spielzeug zu kommen. Das dürft ihr natürlich keinesfalls belohnen! C+B gibt es nur, wenn nicht gehüpft wird. Das richtige Timing für C+B ist absolut wichtig – nur die korrekte Position wird bestätigt.
Bei „Dauerhüpfern" nehmt ihr eure Hand vorübergehend etwas tiefer – direkt über den Kopf des Hundes –, bis euer Hund versteht, was ihr von ihm erwartet und wofür es die Belohnung gibt.

Für das richtige Bild im Hundekopf ist es wieder wichtig, dass die Schultern des Hundeführers absolut gerade gehalten werden und der Kopf so weit wie möglich auch, nur so weit drehen, als es nötig ist, um den Hund in der korrekten Position zu sehen. Auch hier kann euch eine Hilfsperson die gute Lösung ansagen, für die es dann von euch C+B gibt.

"FUSS" · Das Bild im Hunde-Kopf

Hier könnt ihr etwas **Abwechslung ins Training** bringen, indem ihr einmal ein Stück geradeaus geht, dann in einer 8 um 2 Pylonen, dann in einem kleinen Kreis um eine Pylone – mal rechts rum (der Hund ist außen – das heißt, er hat den weiteren Weg und darum macht ihr kleinere Schritte) und mal links rum (der Hund ist innen – ihr habt den weiteren Weg und macht größere Schritte), dann in einem größeren Kreis auch wieder in beide Richtungen …

4. Wir trainieren wie bei 3.) und werfen einen größeren Futterbrocken nach dem Click/Lobwort hinter uns und gehen weiter mit der Hohen Hand. Der Hund wird nach hinten rennen, das Futter holen und dann wieder nach uns schauen und jetzt muss er seine Position suchen – links von uns unter der Hohen Hand. Wenn er das zuverlässig tut, dann hat er sein Bild im Kopf und dann könnt ihr auch mal die Hohe Hand weglassen – er wird trotzdem an eure linke Seite anschließen.

Übrigens: Den größeren Futterbrocken nehmen wir nur deshalb, dass der Hund nicht suchen muss, sondern zielstrebig drauf zulaufen und fressen kann und möglichst schnell dann wieder bei uns ist. Kleine Futterstückchen sind im Gras einfach verschwunden und unsere Übung wird umfunktioniert von der Fußarbeit zur Nasenarbeit und das wollen wir nicht.

Achtet bei all diesen Übungen darauf, dass euer **Schritttempo** an euren Hund angepasst ist. Nicht zu langsam (sonst hat euer Hund viel zuviel Zeit zu schnüffeln oder sich nach anderen Dingen umzuschauen!) und nicht zu schnell gehen (sonst „verliert" ihr ihn). Um die passende Geschwindigkeit für ein Team zu finden, trainieren die Dogdancer mit unterschiedlich „schneller" Musik. Das bringt auch etwas Abwechslung ins Fußtraining und die HF merken, mit welchem Tempo sie sich gut fühlen und was zu ihnen und ihrem Hund passt.

Klappt das alles gut, dann kommt wieder das Ablenkungstraining (Menschen und andere Hunde und Geräusche) dazu.

Diese Übungen können ohne Leine und mit Leine durchgeführt werden. Beim Üben mit der Leine ist diese in der rechten Hand – es muss eine ganz leichte etwa 2 m lange Übungsleine sein, die **immer** locker durchhängen sollte.

Erst wenn der Hund die Position zuverlässig einnimmt und hält = das Bild im Kopf hat, geben wir das **Kommandowort** *„FUSS"* drauf – freundlich und auffordernd gesprochen.

Ihr bekommt durch diese Art des Trainings einen Hund, der das Fußtraining liebt und mit erhobenem Kopf, selbstbewusst und schwanzwedelnd, freudig mit euch mitkommt. Das anzuschauen macht Spaß und so ein Training ist keine Arbeit, sondern ein Vergnügen für Hund und HF.

"FUSS" · Das Bild im Hunde-Kopf

Es ist alles wie ein Spiel – kurze Einheiten und durch die Einfachheit der Übungen viel Bestätigung und Belohnung für den Hund – also durchaus auch schon für junge Hunde geeignet.

"FUSS"
Die ersten Schritte

Haben wir ein sauberes Grundstellungstraining absolviert und dem Hund das richtige Bild vom Gehen an der linken HF-Seite gegeben, dann setzen wir alles zusammen und beginnen das eigentliche Fußtraining.

Wir zeigen euch wieder verschiedene Möglichkeiten auf, bei denen bestimmt auch eine dabei ist, die für euch und euern Hund passt.

1. Der Hund wird in die Grundstellung geschickt – die Konzentration (wenn der Hund nicht zu euch hoch schaut, braucht ihr nicht anzugehen! – er bekommt das dann eh nicht mit!) wird gehalten (was viele Hunde dazu bringt, dass sie euch ganz gespannt anschauen ist, wenn ihr vor dem Losgehen deutlich hör- und sichtbar für euren Hund einatmet und kurz die Luft anhaltet – das erzeugt eine Spannung und ihr habt die volle Aufmerksamkeit eures Hundes, der denkt sich: *„OH, was geht ab?"*) und wir gehen mit dem Kommando *„FUSS"* einen kurzen Schritt mit dem linken Fuß an, machen einen kurzen Rechtsschritt und stellen den linken Fuß daneben zur Grundstellungsposition und halten an.

Für den HF gilt:
Schultern und Kopf möglichst gerade halten und beide Arme locker neben dem Körper hängen lassen. Die Hilfe der Hohen Hand wird allmählich abgebaut. Falls euer Hund die Hohe Hand noch brauchen sollte – gebt sie ihm kurz und nehmt dann den Arm wieder runter – C+B wenn der Arm unten ist und die Position stimmt. Übt das ohne und mit Leine. Wenn ihr mit der Leine übt, dann nehmt diese jetzt in die linke Hand und benutzt eine kurze (ca. 1 m) Leine.

Ideal ist es jetzt, wenn der Hund dieses kleine Stück mitgeht und erneut die korrekte Grundstellung einnimmt und dabei ständigen Blickkontakt hält. Das ist ein Fall für C+Jackpot und Party!

Sollte es nicht so klappen, dann überlegt euch, welche möglichst kleine Hilfe ihr geben könnt: Handtarget – Hohe Hand (eventuell nur angedeutet) – Leckerchen im HF-Mund … Und die Hilfe nur für 1–2 Übungsversuche geben, dann wieder nicht mehr.

"FUSS" · Die ersten Schritte

Beim Abbauen der Körperhilfen sollte man immer folgendermaßen vorgehen: Zuerst gibt man das Wort-Kommando ganz ohne zusätzliche Handzeichen oder anderen Körperbewegungen. Nur wenn der Hund das erteilte Kommando nicht ausführt, bekommt er eine zusätzliche, vorübergehende Hilfe in Form von Körperhilfen.

Es ist erwiesen, dass Sichtzeichen die Hörzeichen überschatten – das heißt, dass die Körperhilfen für den Hund mehr gelten als die Wortsignale. Wenn nun Sicht- und Hörzeichen gleichzeitig gegeben werden oder gar das Sichtzeichen vor dem Wort-Kommando, dann besteht für den Hund keine Notwendigkeit, das Wortsignal zu beachten und zu lernen. Er weiß ja durch das Sichtzeichen schon, was er tun soll. Er achtet nur wirklich auf das Wortsignal, wenn zunächst keine weiteren Hilfen gegeben werden.

Weiter geht es dann:
Wie 1.) und jetzt gehen wir 5 Schritte: links (kurz) – rechts – links – rechts – links ranstellen zur Grundstellungsposition

Bei diesem Aufbau der Fußarbeit wird immer nach der eingenommenen Grundstellung am Übungsende gelobt und belohnt.

Der Grund dafür ist:
Wenn ihr bei den Übungen zur Grundstellung zum einen korrekt (= der Hund kennt die richtige Stellung ganz genau und nimmt sie auf Anweisung immer sofort richtig ein) und mit viel Spaß und Freude für den Hund gearbeitet habt, dann wird der Hund immer bestrebt sein, diese Stellung einnehmen zu dürfen beim Anhalten seines HFs – also bei der Fußarbeit eng am Bein bleiben und aufmerksam sein, damit er den richtigen Moment nicht verpasst.
Nun gehen wir 7–9... Schritte/+ Ablenkungstraining/+ Ortswechsel

WICHTIG!

Wir beginnen aus der Grundstellung **immer** mit einem kurzen Linksschritt – so wird das zu einem deutlichen Startsignal für den Hund und der kurze Schritt lässt ihm Zeit, sich sauber in die Fußposition zu begeben. Wir halten immer mit einem kurzen Rechtsschritt + linkes Bein ranstellen an – auch das wird durch ständig gleiches Trainieren für den Hund zum Signal „Anhalten und Grundposition einnehmen".

Wenn ihr euch für diese Art des Trainings entscheidet, dann solltet ihr alle folgenden, weiterführenden Übungsvorschläge an die Gesamtheit von **– Grundstellung – Fußtraining – Grundstellung – C+B –** „anpassen".

2. Da wir es normalerweise im Training immer so machen, dass wir gute Lösungen genau im richtigen Moment bestätigen und immer dafür bestätigen, was gerade auf dem Trainingsplan steht, ist die hier in 2.) beschriebene Trainingsmöglichkeit diejenige, nach der wir hauptsächlich arbeiten und auf die alle weiteren Kapitel dieses Buches ausgerichtet sind:

Wir rufen den Hund in die Grundstellung – bauen den Blickkontakt auf und halten die Konzentration, mit dem Kommando „*FUSS*" gehen wir mit dem linken Bein mit einem kurzen Schritt an, dabei sind die Schultern möglichst gerade und die Arme locker seitlich vom Körper – der Hund geht mit gehaltenem Blickkontakt mit an – dann sofort nach hinten weg auflösen, mit C+Jackpot und „Party"!!

Sollte es nicht so klappen, dann überlegt euch wie bei 1.), welche möglichst kleine Hilfe ihr geben könnt: Handtarget – Hohe Hand (eventuell nur angedeutet) – Leckerchen im HF-Mund …
Und die Hilfe nur für 1–2 Übungsversuche geben, dann wieder nicht mehr.

Weiter geht es dann:
Wie 2.) und jetzt gehen wir nach dem kurzen Linksschritt 3–5… Schritte. Gelobt wird immer in der Bewegung bei guter Ausführung: C+ nach hinten weglaufen und Leckie oder Spiel oder beides oder Party …

Wenn die Fußarbeit für gut 10 Schritte zuverlässig klappt, dann trainiert ihr das Anhalten zur Grundstellung:
Wir halten **immer** mit einem kurzen Rechtsschritt + linkes Bein ranstellen an – das wird durch ständig gleiches Trainieren für den Hund zum Signal „Anhalten und Grundposition einnehmen". Anfangs könnt ihr hierfür ein Kommando geben (SITZ oder RAN) beim kurzen Rechtsschritt, wenn euer Hund die oben beschriebene Schrittfolge durch häufiges Üben kennt, braucht ihr kein Kommando mehr beim Anhalten, euer Hund wird dann automatisch die Grundstellung einnehmen.

"FUSS" · Die ersten Schritte

Bei beiden Übungsmöglichkeiten (bei 1.) und 2.)) sollte sowohl ohne Leine als auch mit einer kurzen, leichten 1 m-Leine, die nun in der linken Hand gehalten wird, trainiert werden.

Bitte denkt daran: Kurze Trainingseinheiten – und immer wieder Ablenkungstraining und Ortswechsel – und natürlich Spiel und Spaß!!

Fehler sehen

Lasst euch von anderen, insbesondere von eurem Übungsleiter bei eurer Fußarbeit beobachten und auf eventuelle Fehler aufmerksam machen. Um eure Fehler zu sehen, ist es außerdem gut, wenn ihr euch beim Training filmen lasst. Dann könnt ihr zu Hause in Ruhe beim Anschauen überlegen: **Was klappt nicht so, wie ich es gerne haben möchte? Woran liegt das? Wie kann ich Schritt für Schritt zu meiner Zielvorstellung kommen?**

Überlegt euch ganz genau, an welchen Einzelheiten ihr arbeiten wollt. Nehmt die Ganzheit des Fußlaufens auseinander – zerlegt sie in Gedanken in lauter Einzelschritte – und trainiert dann zuächst ganz gezielt diese Einzelheit, bevor ihr alles wieder zum Ganzen zusammenfügt.

Eine gute Idee ist es auch, ein Trainingstagebuch zu führen und mal aufzuschreiben: **Was klappt nicht? Was genau trainieren wir in dieser Woche? Wie gehen wir dabei vor?**

Und am Ende der Woche – Lernzielkontrolle! (**Ist das jetzt besser?**) – **Muss das in der folgenden Woche noch mal auf dem Plan stehen?**

Geht nicht zu schnell vorwärts, nur wenn das Fundament gut und stabil gebaut ist, dann steht das Haus auch bei Sturm sicher. Arbeitet also an einem guten „Fundament".

WICHTIG!

Außerdem dürft ihr euren Hund nicht überfordern. Ihr dürft nur Übungen von ihm verlangen, die ihr ihm richtig beigebracht und gezeigt habt. Euer Hund verliert seine Selbstsicherheit und den Spaß am Training, wenn er ständig alles falsch macht, weil ihr am Fundament nicht sauber gearbeitet habt. Fußarbeit ist nur dann schön anzuschauen, wenn der Hund freudig und mit Spaß arbeitet. Und jeder (ganz besonders ein Prüfungsrichter!), der euch zuschaut, kann sehen, ob ihr ein gutes Team seid und gern miteinander unterwegs seid.

"FUSS" · Die ersten Schritte

Betrachtet die folgenden Bilder!

Der Hund macht keinen Fehler, aber der HF. Der HF sollte den Kopf gerade halten und nicht ständig nach dem Hund schauen. – Aber Cessy ist halt so schön anzuschauen, wenn sie wie hier aufmerksam und freudig mitläuft.

Der Hund „bedrängt", ist zu weit vorne.

Korrekturmöglichkeit:
Mit Hand-Target in die richtige Position bringen – gute Positionen beclicken und dann immer füttern an der Hosennaht, bei großen Hunden in deren Verlängerung nach oben – noch mal „zurück" zur Hohen Hand oder mit Hand-Touch arbeiten, bis die Position wieder bewusst ist, Linkskreise gehen, nach links gehen und anhalten mit Grundstellung …

Bitte denkt daran: Kurze Trainingseinheiten – und immer wieder Ablenkungstraining und Ortswechsel – Spiel und Spaß für Beide dürfen nicht zu kurz kommen!!!

Und wenn Fehler passieren, dann nehmt eine Zeitung, schlagt damit mehrmals auf euren Kopf und sagt laut und deutlich: *„Ich bin ein schlechter Hundeführer und ich gelobe Besserung."* Es liegt nämlich eigentlich immer am Hundeführer, wenn etwas nicht klappt.

Fußtraining

Längere Strecken durchhalten

Hierbei haben wir gute Erfahrungen gemacht mit dem **Kreistraining**

Mit Hilfe von Pylonen oder Markierungstellern kennzeichnen wir einen Kreis mit dem Durchmesser von 5–8 m. Nun gehen wir aus der Grundstellung mit Blickkontakt los, einmal gegen den Uhrzeigersinn, dann ist der Hund auf der Innenseite und hat den kürzeren Weg und einmal im Uhrzeigersinn, dabei geht der Hund außen und hat den längeren Weg.

Geht immer nur so weit, wie ihr sicher sein könnt, dass euer Hund die Konzentration und den Blickkontakt hält, dann bei guter Lösung/oder in der Grundstellung (belohnt hier immer genau das, was ihr gerade üben wollt: Fußgehen mit Hochschauen oder Einnehmen der Grundstellung beim Anhalten): C+ nach hinten weglaufen und belohnen und Neubeginn der Übung wieder aus der Grundstellung.

Um dem Hund die richtige Position zu verdeutlichen und ihn diese auch selbständig einnehmen zu lassen, könnt ihr bei C+B auch einen größeren Futterbrocken (der große Brocken nur deshalb, dass der Hund nicht suchen muss, sondern nach dem Fressen gleich weiter trainiert werden kann) nach hinten wegwerfen. Ihr geht weiter und der Hund soll nachdem er seine Belohnung aufgegessen hat, wieder die korrekte Fußposition einnehmen. Er wird dort sofort wieder belohnt.

Wenn ihr mehrere Runden mit einer tollen Fußarbeit schafft, dann kommt das Ablenkungstraining hinzu: eine Hilfsperson steht im Kreis und redet den Hund an, macht Faxen, wirft einen Ball hoch und fängt ihn auf bis hin zum Locken des Hundes – die Intensität der Ablenkung sollte an den jeweiligen Leistungsstand des Hundes angepasst sein. Schaut der Hund weg von euch, löst er den Blickkontakt, bekommt er das Signal, dass das nicht richtig ist: *„Falsch!"* – *„Schade!"* So weiß der Hund: *„Das war nix - jetzt gibt es keine Belohnung."* Die Übung beginnt von neuem in der Grundstellung. Hält er hingegen die Ablenkung aus und schaut seinen HF trotzdem an: C+B.

Wenn euer Hund schon richtig gut ist und viel Ablenkung verträgt, dann kann die Hilfsperson den Hund mit einem Spielzeug zum Spielen auffordern, während das Team vorbeigeht und wenn der Hund hin rennt und mitspielen möchte, verschwindet das Spielzeug – es gibt keinen Spielerfolg – also wird sich der Hund nach seinem HF umsehen, der aber schon beim Wegschauen des Hundes in die Gegenrichtung – weg vom Kreis gerannt ist. Der Hund wird ihn suchen und hinrennen und wird dann natürlich belohnt vom HF mit Leckie und Spiel.

Lernerfolg für den Hund:
Nur das Zusammensein mit meinem HF bringt Spiel und Spaß, sonst nix. Er wird also beim nächsten Mal selbst so große Ablenkung „hoffentlich" ganz gut aushalten.

Achtet beim Kreistraining, wie bei jeder Art des Fußtrainings auf eure Schrittgröße und Schrittgeschwindigkeit – das muss nach was aussehen und dem Hund angepasst sein. Am besten ihr lasst euch von einer Hilfsperson beobachten oder lasst euch filmen, dann seht ihr selbst, wie euere Arbeit aussieht.

Ach ja: Wer ein paar (ca. 8–10) Runden in beiden Richtungen schafft, möglichst ohne Unterbrechung, der kann völlig entspannt schon mal dran denken, eine Prüfung zu laufen.

Fußtraining · Ablenkungstraining

Und noch ein paar nette Beispiele für das Ablenkungstraining:

- Ein Helfer hält das Lieblingsspielzeug des Hundes in etwa 1 m Entfernung zum Hund, der mit seinem HF in der Fußposition dran vorbeigeht. Bei gehaltener Konzentration auf den HF: C+B, wobei die Belohnung jetzt das Spielzeug ist, das sich der Hund holen darf und mit dem dann gespielt wird.
- Dieselbe Übung kann mit einem Teller, auf dem sich ein Leckerchen befindet, durchgeführt werden. Nach erfolgreicher Fußübung: C+B, wobei die Belohnung jetzt darin besteht, dass der Hund zum Teller rennen darf und das dortige (supertolle!!) Leckerchen holen darf.
- Eine Reihe von Gegenständen mit hohem Ablenkungscharakter werden aufgebaut oder in Bewegung gesetzt (Windrad – bewegliches Kinderspielzeug – Stofftiere – Ball wird gerollt …) und der HF geht in Fußposition daran vorbei oder im Slalom hindurch.
- Begegnungsübungen mit einzelnen Menschen (mit seltsamen Hüten – mit aufgespannten oder sich öffnenden Schirmen – mit Walking-Stöcken – mit Krücken – die Menschen hüpfen, joggen, pfeifen, singen …), an denen der HF mit seinem Hund in Fußposition vorbei geht oder drum herum geht.
- Begegnungsübungen mit Menschengruppen (sie lachen – singen – klatschen …) durch die das Team in Fußposition durch geht oder in einer Art Slalom um die Leute rum geht.
- Begegnungsübungen mit anderen Mensch-Hund-Teams, die zunächst in großem, dann in kürzerem Abstand vorbei gehen.
- Begrüßungsübungen: mit Menschen – bei der zu begrüßenden Person wird angehalten – Grundstellung – diese wird gehalten, während die Menschen einander die Hand geben – danach geht es weiter mit dem FUSS-Kommando.
- Begrüßungsübungen mit anderen Mensch-Hund-Teams: in der Fußposition gehen die Teams aufeinander zu – anhalten (Mensch an Mensch) – Grundstellung – die Menschen geben einander die Hand und die Hunde bleiben in der Grundposition – weiter mit dem FUSS-Kommando.
- 4 Stühle stehen in einer Reihe, Leute setzen sich drauf und der Hund wird zunächst in ca. 3 m in der Fußposition ohne Leine dran vorbeigeführt.

Hier kann man die Ablenkung einmal dadurch steigern, dass die Leute „Krach" machen (Lachen – Klatschen – Schnalzgeräusche – Plastiktütenrascheln …) und zum anderen wird der Abstand zu den sitzenden Personen verringert. Lässt sich der Hund ablenken und geht weg von seinem HF, dann rennt dieser weg und versteckt sich hinter einer Wand oder ähnlichem. Der Hund wird von den sitzenden Leuten nicht angefasst und vollkommen ignoriert, sodass er wieder nach seinem HF schaut – und wenn er zu seinem HF rennt – C+B und erneut an den Leuten vorbeigehen in der Fußposition.

Die Übungen beim Ablenkungstraining werden mit und ohne Leine ausgeführt – je nach Leistungsstand der Teams.

ACHTUNG!

In gar keinem Fall darf aber eine Situation geschaffen werden, in der der Hund von fremden Menschen angefasst wird oder von fremden Hunden „belästigt" wird oder von den Ablenkungsgegenständen berührt wird. Der Hund muss immer sicher sein können: *„Mein Mensch bringt mich nicht in Gefahr. Ich kann mich voll auf ihn verlassen. Er führt mich nirgendwo hin, wo mir was passiert."* Nur wenn der Hund lernt, dass er seinem Menschen diesbezüglich immer vertrauen kann, wird er die Konzentration auf seinen HF bei der Fußarbeit halten.

Richtungswechsel

Wenn die Fußarbeit auf einer geraden Strecke über ca. 10 m schon ganz gut klappt, wird es Zeit, auch rechte und linke Winkel und Wenden zu laufen. Denkt daran, es sollte eine gewisse Körperspannung da sein – latscht nicht nur so dahin, sondern geht sauber, mit etwa gleich großen Schritten und einem konstanten Tempo, das dem Hund und euch angepasst ist. Das gilt für alle Fußübungen.

Es hilft eurem Hund bei allen Richtungsänderungen sehr, wenn ihr dabei immer die gleichen Schrittfolgen macht und dabei der Oberkörper immer gerade gehalten wird und in Gehrichtung ausgerichtet ist. Dies ermöglicht dem Hund nach vielen Trainingseinheiten mit zuverlässig gleichen Körperbewegungen seines HFs die Richtungswechsel voraus zu sehen und im Richtungswechsel den engen Anschluss zu halten.

Es gibt von erfahrenen, erfolgreichen Hundesportlern unterschiedliche Vorschläge für verschiedene Schrittfolgen in den Winkeln und Wenden, die alle das Ziel haben, dem Hund zu helfen, richtigen Anschluss an ihren HF zu halten.

Wenn ihr euch mal genau überlegt habt, wie ihr eure Schritte in den Richtungswechseln setzen wollt und euch für eine Schrittfolge entschieden habt, dann lauft euer Schema so oft ohne Hund, bis die Schritte ganz automatisch und sicher erfolgen. Erst dann beginnen wir damit, die Schrittfolgen mit dem Hund zu laufen. Wenn wir nämlich noch unsicher sind und mit der passenden Schrittfolge zu kämpfen haben, dann verunsichern wir unseren Hund bloß.

Wir haben einige Laufschema-Vorschläge ausprobiert und dann für uns entschieden, so zu trainieren, wie wir euch das in den folgenden Kapiteln zeigen.

Rechter Winkel

Weil das für den Hund der einfachste Richtungswechsel ist, beginnen wir damit.

Unser Laufschema:

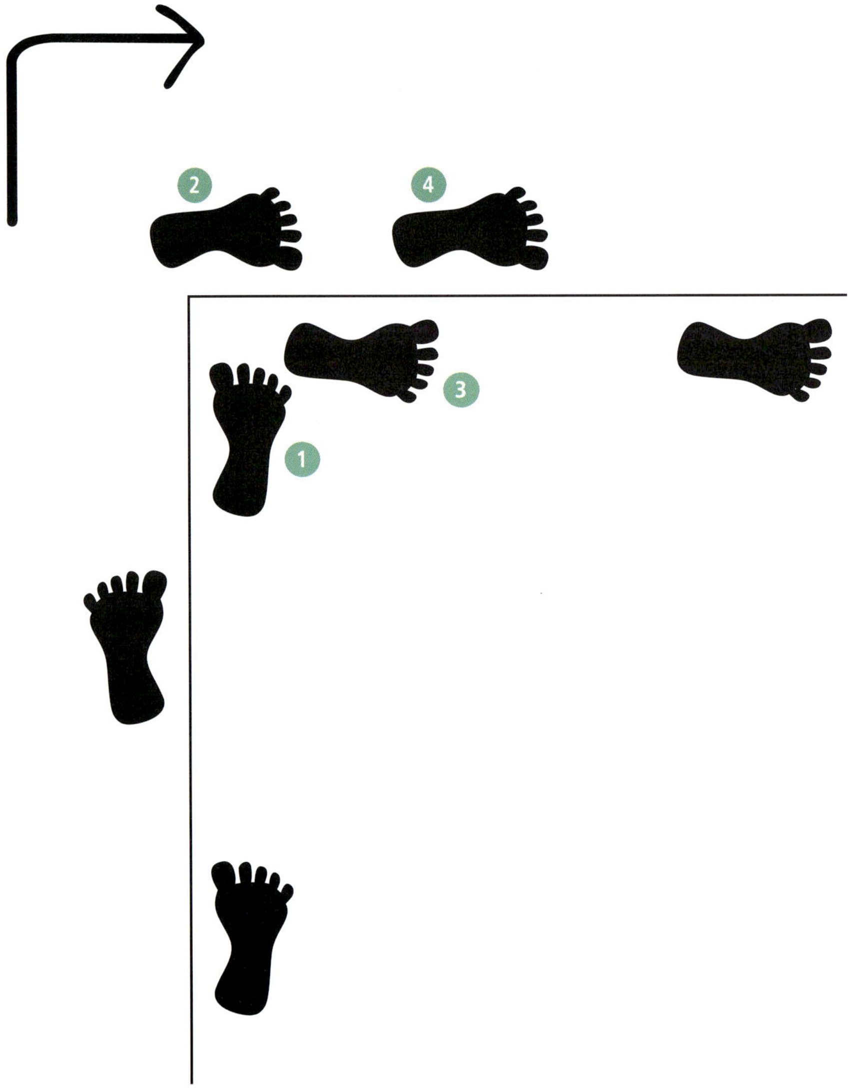

Unsere Schrittfolge im Winkel besteht aus 4 kurzen Schritten, die im Tempo zur normalen Laufgeschwindigkeit passen sollten.

1. Der rechte Fuß wird kurz, aber noch geradeaus in die alte Laufrichtung gesetzt, das kündigt dem Hund an: „Vorsicht, nach einem kurzen Schritt passiert was!"

2. Der linke Fuß dreht nach rechts mit kurzem Schritt und zusammen mit der geraden Körperhaltung in die neue Laufrichtung, dies zeigt dem Hund die neue Richtung an.

3. 4. Die beiden kurzen Schritte – rechts und links – in die neue Laufrichtung geben dem Hund Zeit, den richtigen Anschluss zu finden, bevor in normaler Schrittgröße weitergegangen wird.

Der rechte Winkel ist für den Hund nicht allzu schwierig und wenn in den vorhergegangenen Fußübungen gut gearbeitet wurde, wird es keine größeren Probleme damit geben.

Sollte der Hund den Anschluss nicht halten können, dann empfehlen wir euch, vorübergehend mit Hilfen zu arbeiten. Handtarget – Targetstab – C+B direkt nach dem Winkel für den korrekten Anschluss oder auch schon im Winkel – je nachdem, wo Probleme auftreten.

Die Winkel können wir dann wie folgt trainieren:

- Wir stellen 4 Pylonen zu einem Viereck auf und gehen im Uhrzeigersinn – Hund auf der Außenseite – drum herum, wobei wir in jeder Ecke einen Rechtswinkel ausführen.
- Wir verteilen ein paar Pylonen willkürlich auf dem Übungsplatz und gehen in Fußposition über den Platz. An jedem Pylon, an dem wir vorbeikommen, machen wir einen Rechtswinkel.
- Wir trainieren mit einem Helfer, der uns ansagt, wann wir einen Winkel laufen sollen.

Rechtswende

Ein enger U-Bogen/Fortführung des rechten Winkels.

Unser Laufschema:

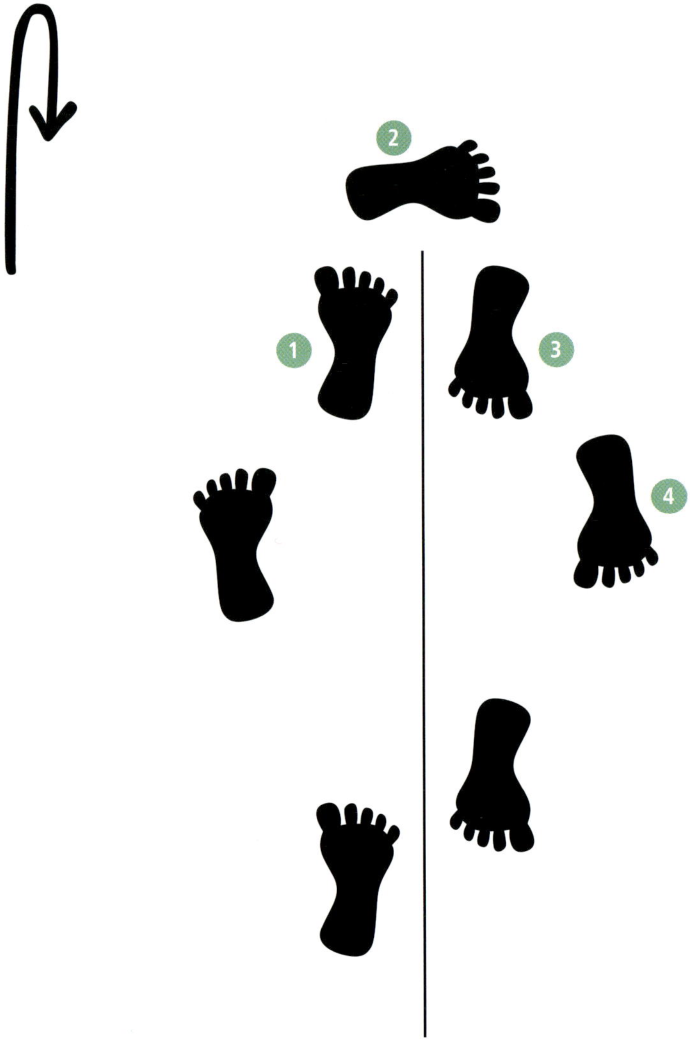

Wieder sind es 4 kurze Schritte mit dem Tempo passend zur normalen Laufgeschwindigkeit. Die Knie sind hierbei ganz eng beieinander und der Oberkörper ist gerade.

1. Der rechte Fuß wird kurz, aber noch geradeaus in die alte Laufrichtung gesetzt, das kündigt dem Hund an: „Vorsicht, nach einem kurzen Schritt passiert was!"
2. Der linke Fuß geht quer vor den rechten.
3. Der rechte zeigt die neue Richtung an.
4. Der kleine Linksschritt gibt dem Hund noch etwas Zeit zum Anschließen, was bei einem großen Schritt natürlich schwieriger wäre.

Bei Problemen geht es sicherlich wieder um den **engen Anschluss** an das linke Bein des HFs. Auch hier müssen gegebenenfalls kleine Hilfen, wie beim Rechtswinkel schon beschrieben, gegeben werden. Was auch hilfreich für einen schnellen, freudigen Anschluss sein kann, ist das Werfen eines Spielzeugs oder eines Futterbrockens nach der Wende in die neue Laufrichtung.

Und hier sind noch 3 Übungen, die ebenfalls dazu geeignet sind, für das enge Anschluss-Training:

Wir gehen im Uhrzeigersinn um einen Gummi- oder Holzreifen mit einem Durchmesser von 50–60 cm – der Hund ist auf der Außenbahn und trainiert so, Anschluss zu halten. Dabei sollte der HF den Oberkörper gerade ausrichten und kurze Schritte machen. Die Oberkörperstellung und die kurzen Schritte bringt der Hund so dann auch mit den Rechtswinkeln und Rechtswenden in Verbindung.

Richtungswechsel · Rechtswende

Wir erhöhen den Schwierigkeitsgrad, indem wir dieselbe Übung um einen Reifen mit kleinerem Durchmesser – 30–40 cm – durchführen.

Und schließlich gehen wir einen engen Rechtskreis um eine Stange.

Kann der Hund bei diesen Übungen den engen Anschluss halten, dann wird er das auch im rechten Winkel und in der Rechtswende besser ausführen.

Linker Winkel

Alle Richtungswechsel nach links sind deutlich schwieriger für den Hund als die Rechtsbewegungen. Bei den Linksbewegungen eng am Bein seines HFs muss der Hund sein Hinterteil seitwärts ran an das linke Bein bewegen können.

Wir trainieren also zunächst mal dieses Bewusstsein des Hundes für seine Hinterhand:

1. Eine Möglichkeit, dies zu erreichen ist das Stangenmikado, das man übrigens schon mit Welpen machen kann. Wir lassen eine Anzahl von etwa 2 m langen Stangen übereinander fallen und führen den Hund langsam in verschiedenen Richtungen hindurch. Hier spürt der Hund seine Hinterbeine und setzt sie ganz bewusst.

2. Eine weitere Übung ist das Gehen durch eine Holzleiter, die am Boden liegt. Auch hierbei „spürt" der Hund die Hinterhand.

3. Etwas schwieriger wird die Sache, wenn man diese Holzleiter auf kleine Klötzchen auflegt, sodass der Abstand zwischen Leiter und Boden ca. 20 cm beträgt.

Und nun sind die Dogdancer unter den Hunden im Vorteil:
Sie können seitwärts und rückwärts gehen, zumindest üben sie das öfters. Dies sollten alle Teams, die saubere Richtungsänderungen nach links machen möchten, trainieren.

Seitwärts Gehen

1. Das Seitwärtsgehen kann man am Gehwegrand üben, indem man aus der Grundstellung heraus einen Schritt zur Seite geht und den Hund auffordert, wieder in die Grundstellung zu kommen.
2. Eine Wand oder ein umgekippter Biertisch kann ebenfalls eine Hilfe sein, so kann der Hund nicht nach vorne ausweichen, wenn er wieder zur Seite weg in die Grundstellung kommen soll.
3. Wir führen den Hund nach jedem Seitschritt mit dem Handtarget wieder in die Grundstellung und loben genau dann, wenn er seine Hinterhand bewegt.
4. Die Vorderpfoten sind auf einem erhöhten Gegenstand (Kiste, Plastiktonne ...), der HF steht neben seinem Hund und bewegt sich ein ganz kleines Stück zur Seite und fordert den Hund auf, mit den Hinterbeinen mitzukommen – das ergibt eine RAN-Übung für Fortgeschrittene.

Rückwärts Gehen

1. Das Rückwärtsgehen können wir zwischen zwei umgekippten Bierbänken üben. Diese bilden eine Gasse, durch die wir vorwärts gehen und der Hund uns gegenüber rückwärts geht.
2. Wir trainieren das Rückwärtsgehen auch in der Fußposition. Der Hund hat im Fußtraining gelernt, am linken Bein mitzugehen und dieses setzen wir jetzt ein kleines Stück nach hinten, wenn der Hund in der Grundstellung ist und fordern ihn auf, diese wieder einzunehmen. Bewegt er seine Hinterbeine nach hinten – sofort C+B!!!

Für das Seit- und Rückwärtsgehen haben die Dogdancer übrigens noch eine ganze Menge mehr Übungsmöglichkeiten und wenn ihr das ausführlicher trainieren wollt, dann informiert euch einfach beim Dogdance-Training.

Richtungswechsel · Linker Winkel

Nun zu unserem Laufschema für den linken Winkel:

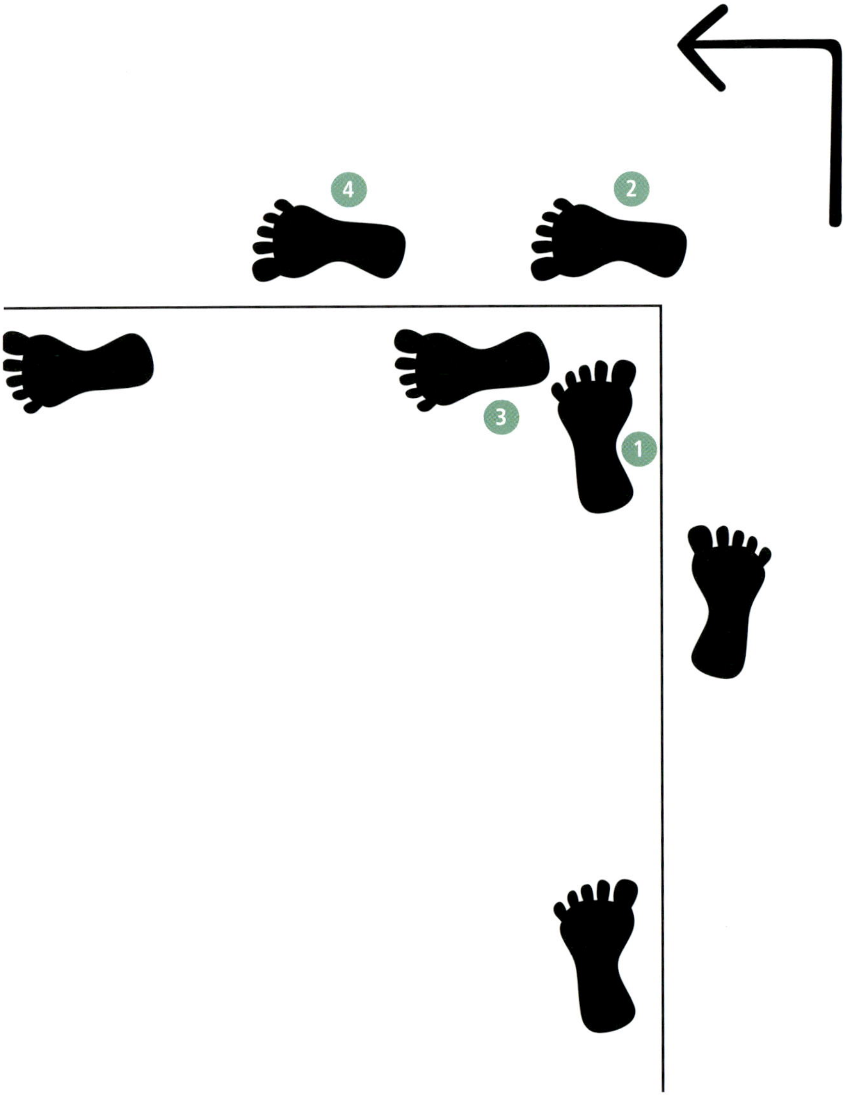

Wieder machen wir im Winkel 4 kleine Schritte im entsprechenden Tempo zur normalen Schrittgeschwindigkeit.

1. Der linke Fuß wird mit einem kurzen Schritt in der alten Laufrichtung gesetzt, dies signalisiert dem Hund: „Achtung! Es passiert was."

2. Der rechte Fuß dreht vor den linken in die neue Laufrichtung. Zusammen mit der geraden Körperhaltung gibt das dem Hund die neue Richtung an.

3. 4. Zwei weitere kurze Schritte – links und rechts – geben dem Hund noch etwas Zeit, sein Hinterteil an das linke Bein ran zu bringen.

Die Winkel können wir dann wieder wie folgt trainieren:

- Wir stellen 4 Pylonen zu einem Viereck auf und gehen im Gegenuhrzeigersinn – Hund auf der Innenseite – drum herum, wobei wir in jeder Ecke einen Linkswinkel ausführen.
- Wir verteilen ein paar Pylonen willkürlich auf dem Übungsplatz und gehen in Fußposition über den Platz. An jedem Pylon, an dem wir vorbeikommen, machen wir einen Linkswinkel.
- Wir trainieren mit einem Helfer, der uns ansagt, wann wir einen Winkel laufen sollen.

Linkswenden

Hierbei gibt es zwei verschiedene Arten der Ausführung.

In der einen Wende bleibt der Hund in der ganzen Drehung eng am linken Bein des Hundeführers.

Da dies die unserer Meinung nach schwierigste Wende ist, schlagen wir vor, immer wieder zu trainieren, dass der Hund seine Hinterhand ran in der Richtung zu unserem linken Bein bringt. Hier sind noch ein paar Übungsmöglichkeiten, mit denen das geübt werden kann:

Wir gehen gegen den Uhrzeigersinn um einen Gummi- oder Holzreifen mit einem Durchmesser von 50–60 cm – der Hund ist auf der Innenbahn. Dabei sollte der HF den Oberkörper gerade ausrichten und kurze Schritte machen. Die Oberkörperstellung und die kurzen Schritte bringt der Hund so dann auch mit den Linkswinkeln und Linkswenden in Verbindung.

Wir erhöhen den Schwierigkeitsgrad, indem wir dieselbe Übung um einen Reifen mit kleinerem Durchmesser – 30–40 cm – durchführen.
Und schließlich gehen wir einen engen Linkskreis um eine Stange.

Unser Laufschema für einen engen U-Bogen/
Fortführung des linken Winkels:

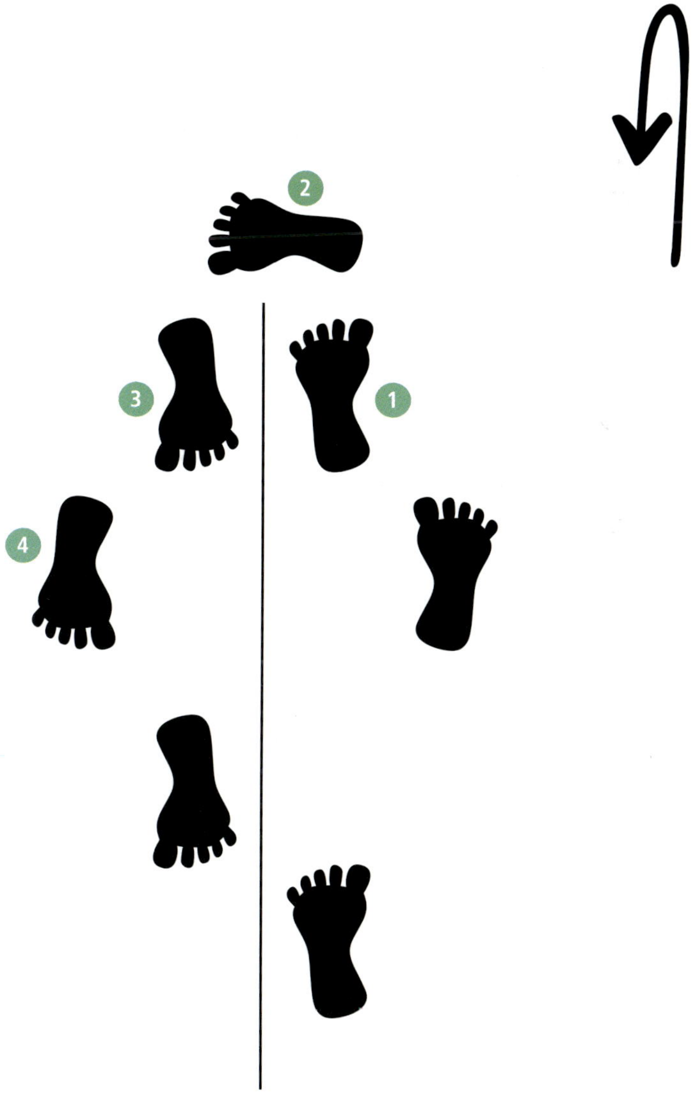

Richtungswechsel · Linkswenden

Wieder sind es 4 kurze Schritte mit dem Tempo passend zur normalen Laufgeschwindigkeit und dabei ist der Oberkörper gerade. Die Knie sind hierbei ganz eng beieinander.

1. Der kurze Linksschritt hat wieder zum Ziel, den Hund aufmerksam zu machen: „Achtung! Es ist was anders!"
2. Der rechte Fuß stellt sich quer vor den linken.
3. Der linke Fuß zeigt die neue Laufrichtung an.
4. Der kurze Rechtsschritt gibt dem Hund noch etwas Zeit für den korrekten Anschluss, bevor es dann mit den Schritten in normaler Schrittlänge weitergeht.

Bei der anderen Linkswende geht der Mensch die Linkswende und der Hund geht die Rechtswende und schließt am linken Bein, nachdem beide gewendet haben, wieder an.

Das hört sich vielleicht etwas kompliziert an, ist es aber nicht. Diese Wende ist deutlich einfacher für den Hund, als die oben beschriebene.

Im Laufschema ist der Weg des Hundes jetzt rot eingezeichnet:
Der **rote Pfeil** zeigt den Weg, den der Hund geht.

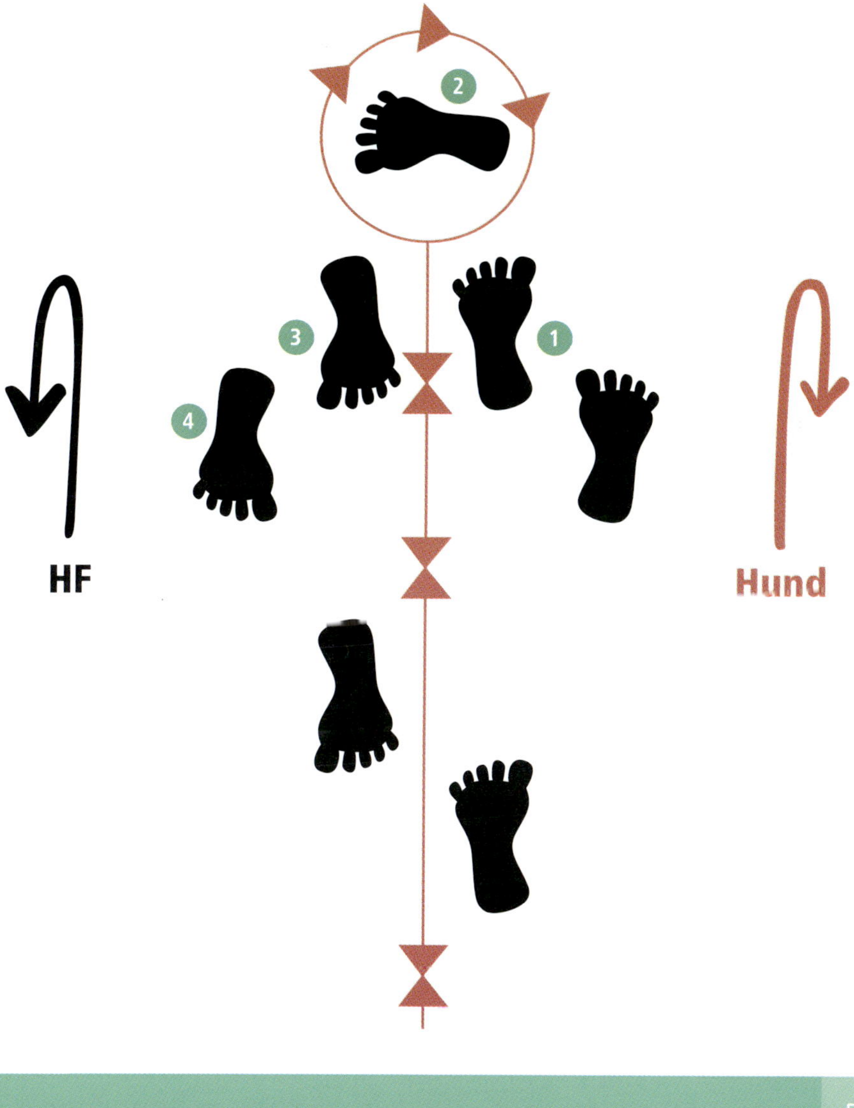

Richtungswechsel · Linkswenden

1. Ein kleiner Linksschritt.
2. 3. Der HF macht die Linkswende und der Hund geht um den Hf rum nach rechts und schließt nach der Rechtsumrundung wieder an in die Fußposition.
4. Ein letzter kurzer Schritt gibt dem Hund wieder etwas mehr Zeit für den Anschluss in die korrekte Fußposition.

Als Führhilfe für den Hund kann hier gut mit Hand-Target gearbeitet werden oder bei kleinen Hunden mit dem Targetstab.

Wenn dann alle Winkel und Wendungen einzeln erarbeitet wurden, dann kann man sie alle in den Trainingseinheiten des Fußlaufens verwenden.

Eine gute Trainingsmöglichkeit ist es, auf Ansage einer Hilfsperson zu laufen. Diese sagt dann zum Beispiel: nach rechts … rechtsumkehrt … nach links … linksumkehrt …

Hat man keine Hilfsperson, dann kann man sich solche Ansagen auch auf Kassette aufnehmen und beim Training abspulen.

Und vergesst das Ablenkungstraining nicht!

Tempowechsel

langsam - normal - schnell

Tempowechsel sind auch Teil der Fußarbeit und werden in Prüfungen (Team-Test, BH, Obedience) verlangt. Auch bei wechselnden Laufgeschwindigkeiten soll der Hund immer den korrekten Anschluss in der Fußposition halten.

Man unterscheidet zwischen drei verschiedenen Geschwindigkeiten:

Normalschritt

Zügig – dem Hund angepasst/Arme schwingen neben dem Körper locker mit. Diese Gangart solltet ihr von Anfang an immer gleich in Tempo und Schrittlängen trainieren. Das ist die Geschwindigkeit, die euer Hund schon gewohnt ist, die normale Trainingsgeschwindigkeit.

Laufschritt

Lockeres Joggen/Armhaltung angepasst/Arme schwingen leicht angewinkelt mit. Lasst euch und vor allem euren Hund von einer Hilfsperson beobachten – der Hund sollte eine deutlich schnellere Gangart zeigen als im Normalschritt – dementsprechend müsst ihr euer Tempo machen.

Langsamer Schritt

Langsames Gehen mit möglichst gleichen Schrittlängen/die Arme schwingen dabei ständig langsam mit. Dieses Armeschwingen lässt euren Hund die Bewegung nach vorn erkennen und er kommt so weniger in Versuchung, sich hinzusetzen, weil er denkt, dass angehalten wird – auch hier solltet ihr euch beobachten lassen – es muss ein deutlich langsameres Gehen sein im Vergleich zur Normalgeschwindigkeit.

Zur Einleitung der Tempowechsel ist ein FUSS-Kommando erlaubt. Dieses Kommando geben wir von Anfang an so, dass es bei immer gleich (Stimmlage und Betonung und Lautstärke) gesprochenem Wort eine Hilfe für den Hund wird für den Tempowechsel.

„FUSS“: kurz, freundlich und auffordernd = **Normalgeschwindigkeit**

„FUSS“: ganz kurz, mit hoher Stimme gesprochen und die Betonung so gewählt, dass das Wort einen hohen Aufforderungscharakter bekommt = **Laufschritt**

„FUSS“: mit tiefer Stimme und einem langgezogenen „uuuu“ gesprochen, damit es den Hund ausbremst = **Langsamer Schritt**

Training der Tempowechsel

1. Wir beginnen mit dem Wechsel von der Normalgeschwindigkeit zum Laufschritt. Sofort nach unserem Kommando beginnen wir mit dem Joggen und bestätigen – C+B – den Hund augenblicklich für das schnelle Mitkommen. Diese Übung führen wir einige Male durch.

2. Erst dann machen wir ein paar Laufschritte und bestätigen – C – erst nach 4–5 Schritten – laufen weiter und geben die Belohnung in der Vorwärtsbewegung. Jetzt ermitteln wir mit Hilfe eines Beobachters die Laufgeschwindigkeit, die zu uns als Team passt und bei der der Tempowechsel deutlich sichtbar wird, das heißt, wo der Hund deutlich die Gangart wechselt.

3. Ab sofort wird immer mit der gleichen Geschwindigkeit auch auf längeren Laufstrecken geübt.

Entsprechend verfahren wir mit dem Wechsel von der Normalgeschwindigkeit zum langsamen Schritt.

Anschließend üben wir die Wechsel von Laufschritt zu Normalgeschwindigkeit und von langsamem Schritt zu Normalgeschwindigkeit und zuletzt den Wechsel von Laufschritt zum langsamen Schritt, wieder in derselben Art und Weise.

Nun können wir die Tempowechsel auf Ansage laufen, auf gerader Linie, im Slalom, in Winkeln und Wenden und natürlich wieder mit Ablenkungen.

Sitz aus der Bewegung

Das ist eigentlich nicht mehr Teil der Fußarbeit, da dies aber beim Team-Test und bei der BH-Prüfung, ebenso wie in der Obedience-Beginner-Klasse verlangt wird, gehen wir darauf auch noch ein.

Übungsbeschreibung

Wir teilen die Beschreibung schon mal in 3 Teile auf, weil wir diese später getrennt üben möchten.

Teil 1

Von der Grundstellung aus geht das Team ohne Leine in Fußposition im Normalschritt geradeaus. Nach 10–15 m soll sich der Hund auf das Kommando *„SITZ"* hin schnell und gerade setzen, ohne dass der HF seine Gangart unterbricht oder sich nach dem Hund umsieht.

Teil 2

Der HF geht nun 20–30 m (je nach Prüfungsanforderung) von seinem Hund weg, bleibt dann stehen und dreht sich zu seinem Hund um.

Teil 3

Der HF geht nach Anweisung zurück zu seinem Hund, der die Sitzposition die ganze Zeit über einzuhalten hat, stellt sich neben seinen Hund, sodass die Beiden in der Grundstellung stehen. Danach ist die Übung beendet und bei Team-Test und BH geht es weiter in der Fußposition im Normalschritt geradeaus, zum Platz aus der Bewegung.

Das Training

Das ist eine sehr komplexe Übung, deshalb zerlegen wir sie in ihre Einzelteile und trainieren genau diese Teile zunächst getrennt vom Ganzen, aber immer mit Blick auf das Gesamtbild.

Für das Training ist es zunächst mal absolut wichtig, dass der Hund ein **schnelles SITZ** allein auf das Kommando-Wort hin ohne zusätzliche Körpersignale ausführt und dieses Sitz auch dann hält, wenn sich der HF weiterbewegt.

Sitz aus der Bewegung

Trainingsvorschlag für ein schnelles SITZ auf das Wort-Kommando hin:

1. **Wir machen die Spiel-Sitz-Übung:** Der HF bewegt sich rückwärts weg vom Hund mit einem Spielzeug oder einem Leckerchen in der Hand – der Hund wird aufmerksam und freudig in Erwartung des Spiels/Leckies folgen – der HF bleibt stehen (mit Körperspannung – Spannung aufbauen!) und gibt das SITZ-Kommando – der Hund setzt sich (notfalls auch Hilfen geben am Anfang) verdutzt: *„Nanu, ich dachte wir spielen??!!"* – dann sofort C+B – und die Belohnung ist jetzt eine tolle *„ACTION"* – ein Spiel mit dem Spielzeug oder das Spiel mit dem Leckie, das der Hund dann nach ein wenig darum kämpfen und jagen auch bekommt. Dies ist eine Übung, die auch schon mit jungen Hunden gemacht werden kann.

2. Wie 1.) – jetzt sind die Arme locker seitlich vom Körper – immer weniger Körpersignale und das Spielzeug oder Leckerchen kommt erst nach schnell ausgeführtem Wort-Kommando.

Denkt bitte beim Abbauen der Körperhilfen wieder daran, dass ihr zuerst das Wort-Kommando gebt, ganz ohne zusätzliche Handzeichen oder anderen Körperbewegungen. Nur wenn der Hund das erteilte Kommando nicht aus führt, bekommt er eine zusätzliche, vorübergehende Hilfe.

3. Wie 2.) – und jetzt bleibt der HF mit dem Geben des Wort-Kommandos nicht stehen, sondern bewegt sich weiter – noch ein kleines Stück (den Abstand vergrößert man später) weg vom Hund – und wenn er trotzdem sitzen bleibt – C+Jackpot.

4. **Hier kann man das „*SITZ*" und das „*SITZ-BLEIB*" trainieren:**

- der Hundeführer umkreist den Hund
- macht den Hampelmann, hüpft oder joggt hin und her
- klatscht und singt
- geht 5-10-20 Schritte mit dem Rücken zum Hund weg, geht zurück, stellt sich neben den Hund in die Grundstellungsposition (bekannt aus dem Grundstellungstraining) und belohnt den Hund. Egal, was der Hundeführer tut, der Hund soll sitzen bleiben und wird dafür natürlich immer wieder toll belohnt.

5. Jetzt lauft ihr rückwärts, der Hund kommt euch gegenüber mit – ihr dreht ein in die Vorwärtsbewegung und nehmt den Hund auf der linken Seite in Fußposition mit und gebt nach dem Eindrehen gleich das SITZ-Kommando.

Sitz aus der Bewegung

Für das Trainieren des **SITZENS aus der Fußposition heraus** gibt es von erfolgreichen Hundesportlern ganz verschiedene Ansätze – ganz unterschiedliche Anfangshilfen für den Hund:

- Einige bleiben nach gegebenem Kommando stehen, geben ganz deutliche Handzeichen und gehen weiter, wenn der Hund sitzt. Die Hilfen werden dann langsam abgebaut.
- Andere drehen sich nach gegebenem Kommando in der Schrittstellung vor den Hund, damit dieser schnell absitzt, drehen zurück und gehen dann weg.
- Und es gibt noch die Möglichkeit, nach gegebenem Kommando auf der Stelle zu treten bis der Hund sitzt und dann weiterzugehen. So soll der Hund lernen, sich auf das Wort-Kommando hin hinzusetzen, auch wenn er seinen HF in Bewegung sieht.

Wenn man nun möchte, dass der Hund von Anfang an **das richtige Bild im Kopf** hat, dann muss man sich zunächst überlegen, wie dieses Bild aussehen muss:

Der Hund sieht den HF aus seiner Sicht so:
Schultern gerade, Arme schwingen locker mit, der HF geht in Normaltempo mit den, dem Hunden bekannten immer gleich großen Schritten – er gibt sein SITZ-Kommando und geht mit geraden Schultern geradeaus weiter, ohne sich umzusehen.

Als nächstes überlegen wir uns, was kann der Hund aus vorhergehenden Trainingseinheiten:

- er kann sich auf das Wort-Kommando hin setzen
- er kann sich aus der Fußposition heraus nach einem kürzeren rechten Schritt setzen (siehe: Grundstellungsübungen)
- er kann sitzen bleiben und warten, bis sein HF das Kommando aufhebt

Diese Überlegungen bringen uns dazu, dass wir folgende Trainingsmöglichkeit für das SITZ aus der Bewegung für gut befinden:

1. Aus der Fußposition bekommt der Hund nach ein paar Schritten mit dem Setzen des rechten Fußes das SITZ-Kommando, wir halten an – Schultern gerade und in Laufrichtung, aber wir stellen den linken Fuß nicht daneben ab, sondern halten ihn etwas über dem Boden in der Luft, sobald der Hund sitzt, geht der linke Fuß nach vorne – 1 Schritt – C+B, wenn der Hund dabei sitzen bleibt.

2. Wie 1.) wir halten nur noch an, wenn der Hund nicht beim Kommando absitzt, ansonsten machen wir mit dem linken Fuß einen etwas langsameren Schleifschritt in Laufrichtung. Hier, sowie bei den folgenden Übungen wär es gut, wenn uns ein Helfer sagen würde, ob der Hund sitzt nach dem Kommando, da wir mit geradem Oberkörper arbeiten sollten, mit Blick nach vorne und deshalb natürlich nicht selbst sehen, ob der Hund die Übung korrekt ausführt. Im richtigen Moment sollte der Helfer clicken oder durch ein *„OK"* dem HF signalisieren, dass die Übung vom Hund korrekt ausgeführt wurde. Daraufhin dreht sich der HF sofort um und belohnt seinen Hund.
   VORSICHT!!! Die Belohnung erfolgt entweder hinten beim Hund oder durch einen geworfenen Ball oder ein Leckerchen hinter den Hund. Sonst besteht die Gefahr, dass der Hund nicht sitzen bleibt, sondern seinem HF hinterher läuft.

3. Wie 2.) und aus dem Schleifschritt wird nach und nach ein normaler Schritt in angepasstem Tempo und wir gehen einige Schritte nach vorne weg und belohnen den Hund – C+B nach hinten.

Sitz aus der Bewegung

4. Wie 3.) und wir gehen mal 5, mal 10, mal die 20 oder 30 Schritte nach vorne weg und kommen zurück in die Grundposition – C+B.

ABER VORSICHT!

Wenn der Hund nicht sitzt, dann macht es überhaupt keinen Sinn, weiterzugehen. Der Hund braucht dann hier vorübergehend einfach noch mehr Hilfen. Schaut euch die verschiedenen Trainingsmöglichkeiten für das Sitzen aus der Fußposition heraus nochmals an und gebt ihm die Hilfen, die für ihn passen (Gehen auf der Stelle, leichtes Eindrehen, deutliche Handzeichen ...).

Nach dem Trainieren dieser Teilschritte können wir die Gesamtübung SITZ aus der Bewegung zusammenbauen und dann, je nachdem an welcher Stelle Probleme auftreten, genau den Einzelschritt nochmals üben, der noch nicht klappt, bevor man wieder zum Ganzen übergeht.

Noch ein Tipp:

Gebt euer SITZ-Kommando nicht immer genau nach 10 m, sonst braucht ihr mit der Zeit kein Kommando mehr, da sich euer Hund automatisch nach 10 m setzt, weil er ja weiß, was kommt. Das gibt Punktabzug in Prüfungen.

Platz aus der Bewegung

Auch diese Übung ist ein Teil der Unterordnungs- und Obedience-Prüfungen.

Übungsbeschreibung

Aus der Grundstellung wird angegangen und nach einer Anzahl von Schritten in der Fußposition wird der Hund mit dem Hörzeichen in die Position *„PLATZ"* gebracht, während der HF ohne seine Gangart zu unterbrechen oder sich umzudrehen, 20–30 m weitergeht, sich vom Hund entfernt und sich zum Hund hin umdreht/oder beim Obedience ein 8x8 m-Quadrat umläuft, bis er wieder bei seinem Hund angelangt ist.

Wir schauen uns die einzelnen Elemente der Gesamtübung genauer an:

1. Grundstellung und Angehen – haben wir trainiert
2. Fußarbeit im Normalschritt ist ebenfalls bekannt
3. Das PLATZ-Kommando wurde in diesem Buch noch nicht erwähnt, also betrachten wir es an dieser Stelle mal etwas genauer:

Eigentlich gibt es verschiedene Arten, wie der Hund das PLATZ-Kommando ausführen kann:

- Zum einen geht er so in die Platzposition, wie er will und führt sie auch so aus, wie es für ihn bequem ist.
- Zum anderen kann er sich setzen und aus dem SITZ heraus schnell ins PLATZ gehen.
- Und er kann aus dem Stand nach hinten runterklappen, ohne zuvor ein SITZ zu machen.

Und es gibt verschiedene PLATZ-Stellungen:

- Zum einen kann der Hund so liegen, dass er seinen Po zu einer Seite hin wegkippen kann – das ist die bequeme, gemütliche Stellung für längeres Abliegen geeignet.
- Zum anderen kann er mittig liegen wie eine Sphinx, dabei sind beide Hüftknochen zu sehen und dies ist die Stellung, in der der Hund die Spannung hält und blitzschnell wieder in den Stand kommt, also für kurzes Abliegen gut, aus dem heraus es bald wieder weitergeht.

Platz aus der Bewegung

Verschiedene Bewegungen erfordern auch unterschiedliche Wortkommandos:

Wir sagen *„Leg dich"* – wenn es ganz egal ist, ob schnell oder langsam, ob Sphinx-Position oder nicht, der Hund soll dann einfach abliegen. Hierfür haben wir schon richtig nette Kommandos gehört, zum Beispiel: *„PARKEN"* – *„PAUSE"* – *„GIB RUHE"* ...

Wir verwenden das Wort *„PLATZ"* für das **schnelle Abliegen über die Sitzposition** in eine vom Hund frei **wählbare Platzlage**. Dies tun wir deshalb, weil wir früher keinen Unterschied zwischen verschiedenen Platzarten gemacht haben und dies die Art ist, wie Cessy das mal gelernt hat und deshalb sowieso ausführt (nur an der Schnelligkeit müssen wir arbeiten). Bei einem jungen Hund würd ich jetzt aber genau überlegen, welche Bewegung der Hund bei welchem Wort machen soll.

In der Begleithundeprüfung soll eigentlich das Wort *„PLATZ"* für alle PLATZ-Bewegungen benützt werden. Das ist nicht sehr sinnvoll, aber so ist es nun mal. Vielleicht denken die Verantwortlichen auch mal darüber nach und ändern das. Überlegt euch einfach, wie ihr das handhaben wollt und dann, wenn ihr eure Entscheidung getroffen habt, müsst ihr ganz konsequent genau nur das Verhalten belohnen, das ihr jeweils haben wollt.

Für das **Runterklappen aus dem Stehen in die Sphinx-Position** verwenden wir das Wort *„DOWN"*. Dieses Kommando mit der dazugehörigen Bewegung haben wir erst nach der BH-Prüfung für die Arbeit beim Obedience zu trainieren begonnen.

Die Verschiedenartigkeit der Worte von DOWN und SITZ im Gegensatz zu PLATZ und SITZ (beide Worte haben hier „TZ" am Ende) verhindert außerdem, dass die beiden Kommandos vom Hund verwechselt werden, wobei dabei auch hilfreich sein kann, das „Z" vom SITZ nicht zu sprechen, sondern nur „SIT" zu sagen, sollte der Hund derartige Verwechslungsprobleme haben.

4. Zum einen sollten wir nun also das Wegklappen aus dem Stand in die Sphinx-Stellung trainieren und dann genau das auch aus der Bewegung des Fußlaufens heraus.

5. Weggehen vom liegenden Hund auf 20–30 m Entfernung und dann umdrehen zum Hund – das haben wir aus der SITZ-Position heraus trainiert, das dürfte deshalb hier keine größeren Probleme verursachen.

Unser Trainingsvorschlag 1:

Da es für diese Übung die beste Lösung ist, das Runterklappen aus dem Stehen in die Sphinx-Position zu trainieren, üben wir also zunächst genau das mit dem Kommando *„DOWN"*:

1. Wir zeigen dem Hund, was ein DOWN ist. Dazu ist es am besten, wenn wir ihn mit Hilfe eines Leckerchens oder mit dem Hand-Target dazu veranlassen, aus dem Stehen nach hinten runterzuklappen. Wir begeben uns runter auf die Ebene unseres Hundes. Der Hund ist entweder gegenüber vor uns oder seitlich vor uns.

Nun führen wir unsere Hand, gegebenenfalls mit dem Leckie, zwischen seine Vorderbeine in Richtung Brustkorb. Um mit der Nase an die Hand ranzukommen, muss er genau die gewünschte Bewegung ausführen – dann sofort C+B.

Platz aus der Bewegung

Wird das mehrmals zuverlässig von eurem Hund gezeigt, dann gebt das Kommando dazu. Zuerst wieder das Wort und wenn die Handhilfe noch nötig ist, dann anschließend die Hilfe geben. Gefüttert wird dann im Liegen.

2. Nachdem nun der Hund schon eine Idee hat, was *„DOWN"* bedeutet, trainieren wir das mit mehr Bewegung und Spaß:

Wir machen ein Spiel draus – die Spiel-DOWN-Übung:

Wir bewegen uns mit einem Spielzeug in der linken Hand (bei spielfaulen Hunden auch mit Leckerchen) rückwärts der Hund kommt uns gegenüber aufmerksam mit – stehen bleiben – Kommando *„DOWN"* und Handbewegung mit der rechten Hand/die flache Hand bewegt sich in Richtung Hundebrust – wenn der Hund das DOWN ausführt, sofort spielen und Party machen.

3. Wie 2.) – aber jetzt bleibt der HF nach dem DOWN-Kommando nicht stehen, sondern bewegt sich weiter (zur Seite – nach vorn – hin und her usw.) **Der Hund soll lernen:** *„Ich führ das Kommando aus, egal was mein Mensch tut."* Belohnt wird der Hund im Liegen – dann Spielen und die Übung neu aufbauen.

4. Der Hund hat seither die DOWN-Übung gegenüber vom HF ausgeführt und jetzt müssen wir dazu kommen, das Ganze aus der Fußposition heraus zu trainieren: Wir bewegen uns rückwärts weg vom Hund – der Hund kommt uns gegenüber mit – wir machen eine halbe Drehung, sodass wir uns in dieselbe Richtung vorwärts bewegen wie der Hund – die linke Hand zeigt dem Hund an, wohin er sich nun begeben soll, seine Fußposition.

Platz aus der Bewegung

Ist der Hund dann in Fußposition, kommt das Kommando DOWN (Hilfe für den Hund, wenn nötig: leichtes Drehen der rechten Schulter in Richtung Hund und die Arm-/Hand-Bewegung wie in 2.) und 3.)

Zunächst bleiben wir stehen nach dem Kommando, bis der Hund liegt und gehen dann noch 2–3 Schritte weiter, kommen zurück und belohnen im Liegen. Klappt das zuverlässig, bauen wir die Hilfen immer mehr ab (jeder orientiert sich hierbei an seinem Hund!) und bleiben nicht mehr stehen – machen einen Schleifschritt, wie schon beim SITZ aus der Bewegung beschrieben und laufen schließlich durch nach dem Kommando.

5. Wir gehen an aus der Grundstellung – machen ein paar (mal 3, mal 10, mal 5 usw.) die Schrittzahl ständig abwechseln, sodass wir nicht berechenbar werden für unseren Hund!) Schritte und geben dann das DOWN-Kommando und gehen weiter – wieder zunächst nur einige Schritte und dann den Abstand zum Hund vergrößern bis auf ca. 30–35 Schritte – drehen uns dann um zum Hund und bleiben für einige Sekunden stehen, bevor wir wieder zurückgehen zum Hund und ihn im Liegen belohnen oder mit dem Spielzeug, das hinter den Hund geworfen wird.

WICHTIG!

> Bitte niemals nach vorne belohnen, sonst besteht die Gefahr, dass der Hund nicht liegen bleibt, sondern euch nachläuft.

Platz aus der Bewegung

Unser Trainingsvorschlag 2:

Auch hier wird zunächst das DOWN bewusst gemacht und geübt, wie oben in 1.) bis 3.) beschrieben. Das schnelle DOWN aus der Bewegung wird folgendermaßen trainiert:

1. Wir üben im „Trockentraining" – ohne Hund – die Schrittfolge und Körperhilfe, die wir einsetzen, wenn wir in der Fußposition das DOWN-Kommando geben: Wir gehen an im Normalschritt und beim Kommando DOWN ist der linke Fuß in Schrittstellung vorne und wir gehen mit einer schnellen Bewegung in die Hocke, dabei sind die Schultern gerade nach vorn gerichtet und die linke Hand wird, gegebenenfalls auch mit Leckie drin, in Richtung Boden ausgestreckt. Diese Übung ohne den Hund hilft uns dabei, in Schritt- und Bewegungsfolge absolut sicher zu sein, damit wir später unseren Hund nicht verunsichern.

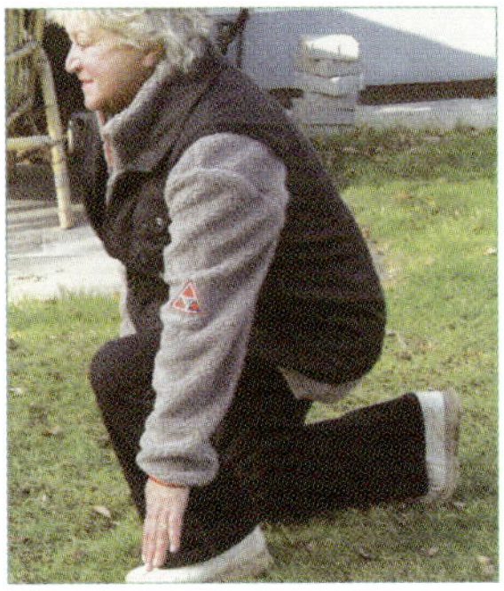

2. Nun wird genau das mit dem Hund geübt. Der Hund führt in Erwartung der Belohnung beim Folgen der Hand das schnelle DOWN aus. C+B sofort wenn der Hund liegt und schnell runtergegangen ist!

3. Wie 2.), aber nicht mehr sofort belohnen, sondern einige Sekunden warten und dann C+B im Liegen.

4. Wie 3.) und jetzt kommt das Kommando „*BLEIB*" und wir richten uns auf und gehen 2–3 Schritte weiter. C+B hinten beim Hund oder mit Spielzeug hinter den Hund geworfen oder mit Helfer, der 3–4 m hinter dem Hund steht und ein Spielzeug oder ein Leckie hält, das der Hund mit Auflösung des BLEIB-Kommandos holen darf.

5. Hilfen abbauen – Hocke und Handhilfe nur noch andeuten – immer kürzer anhalten – bis wir die Zielübung erreicht haben und die ca. 35 Schritte weitergehen können, wie bei Trainingsvorschlag 1 in 5.) schon beschrieben.

Das Abrufen

Bei allen Unterordnungsprüfungen wird das Abrufen aus der Platzposition heraus verlangt. Beim Team-Test und bei der BH-Prüfung folgt es direkt im Anschluss aus dem PLATZ aus der Bewegung. Da es somit eng mit unserem Thema verwandt ist, behandeln wir es hier auch noch.

Übungsbeschreibung

Aus 20–30 m Entfernung (je nach Prüfungsart) soll der Hund auf das Kommando HIER freudig, schnell und auf direktem Weg zu seinem HF kommen und eng und gerade, mit Blick nach oben vor seinen HF sitzen. Dieses Vorsitzen soll der Hund halten, bis er vom HF (nachdem der Richter das Zeichen dazu gibt) das Kommando für die Grundstellung bekommt, die dann wiederum für ein paar Sekunden gehalten wird.

Zunächst zerlegen wir diese Übung wieder in Teilschritte, wie wir das zuvor auch immer gemacht haben. Dies empfiehlt sich für alles, was ihr mit eurem Hund trainieren möchtet. So können zunächst diese Teilschritte trainiert werden, und wenn das geschehen ist, werden die Teile wieder zu der Gesamtübung zusammengesetzt.

Hierbei solltet ihr beachten: Hunde lernen am besten rückwärts!

Also bedeutet das, wir üben zunächst den letzten Teilschritt, dann den Vorletzten, dann setzen wir die beiden Teile zusammen, dann wird der 3. letzte Teil geübt …

Beim Abrufen haben wir 5 Teilschritte zu üben – von hinten nach vorne angeordnet:

1. Der Hund soll die Grundstellung einnehmen aus der Gegenüber-Position, er kann dabei entweder über rechts nach links um den HF rumgehen oder über links außen randrehen.

2. Vorsitzen – eng und gerade mit Blick nach oben zum HF.

3. Beim HIER-Kommando soll der Hund schnell und freudig, auf geradem, direktem Weg zum HF kommen, der ihn aus 20–30 m Entfernung ruft.

4. Aus der **PLATZ-Stellung** heraus entfernt sich der Hundeführer auf 20–30 m und dreht sich dort um zum Hund und bleibt mit locker hängenden Armen, seitlich vom Körper, aufrecht stehen.

5. **PLATZ/DOWN** aus der Bewegung mit anschließendem Abrufen.

Wenn ihr in der Reihenfolge trainiert habt, die in unserem Buch empfohlen wird, dann seht ihr beim Betrachten der Einzelschritte, dass wir uns um die Schritte 2.) und 3.) noch ganz ausführlich kümmern müssen, da wir das bisher noch nicht wirklich geübt haben. Alles andere können wir als „bekannt" voraussetzen und müssen es nur noch in das Gesamtbild einbinden.

Unser Trainingsvorschlag:

1. Zunächst trainieren wir das **enge Vorsitzen**:
   - Um dem Hund die Nähe zu uns angenehm zu machen, setzen wir uns auf einen Hocker oder Stuhl und lassen den Hund zwischen unsere gegrätschten Beine sitzen, mit dem Kopf eng an unserem Bauch und Blick nach oben. Beim „Führen" in die korrekte Position können wir mit Hand-Target oder Leckerchenhilfe arbeiten und dabei werden beide Hände vor dem Körper gehalten. Für Clickerhunde ist auch ein Shapen (eventuell mit zusätzlichem Klebezettelchen auf der entsprechenden Stelle am Körper des HFs als Nasentarget) der richtigen Position möglich.

Mit kleinen Hunden kann man eine entsprechende Übung auch im Knien durchführen – die Kleinen sollen schön eng vor dem HF mit Blick nach oben sitzen.

Das Abrufen

- Im nächsten Schritt lehnen wir uns an eine Wand an und begeben uns in eine ähnliche Stellung wie vorhin im Sitzen – wieder sitzt der Hund zwischen unseren Beinen eng an unserem Körper.
- Im Stehen, mit leicht auseinander gestellten Füßen, üben wir wieder dieses enge Sitzen.

VORSICHT!

Denkt daran – schon bei den ersten Übungen im Sitzen, dass die Arme seitlich vom Körper locker runterhängen sollen. Das bedeutet, wenn ihr eine Handhilfe gebt, um dem Hund die richtige Position zu zeigen, dann trainiert ganz schnell auch ohne diese Hilfe und mit der korrekten Armhaltung. Dies gilt natürlich auch für alle weiteren Trainingsschritte.

Dieses **enge Sitzen** soll nun **aus der Bewegung auf den HF zu** eingenommen werden. Es ist hierbei darauf zu achten, dass der Hund beim Absitzen seinen **Po nach vorne** hin zu den Vorderbeinen bewegt, da nur so ein enges Vorsitzen erreicht wird. Wenn der Po nach hinten runtersitzt, dann wird der Abstand zum HF automatisch weiter. Wir achten also genau darauf beim Training und belohnen das richtige Absitzen sofort.

- Wir laufen rückwärts weg vom Hund, der Hund kommt uns gegenüber mit, wir bleiben stehen und führen den Hund in den engen Vorsitz – hier hilft es bei vielen Hunden, das Leckerchen aus dem Mund ihres HFs zugespuckt zu bekommen – das bringt sie dazu, eng vorzusitzen und in Erwartung ihrer Belohnung aus dieser Richtung, nach oben zu schauen und es hat den Vorteil, dass der HF seine Arme von Anfang an in der korrekten Position halten kann, weil der Hund sowieso mittig und eng mit Blick nach oben sitzt.
- Klappt das gut, dann geben wir der Übung das **Kommando „HIER“**.

VORSICHT BEIM KORRIGIEREN VON FEHLERHAFTEM VERHALTEN!

Es ist sinnvoll, ein falsches Verhalten nicht so zu korrigieren, dass ihr den Hund aus der fehlerhaften Position heraus in die richtige Position führt und dann belohnt, sondern bei Fehlern einfach dem Hund zu sagen „*SCHADE*“ (= das war nix – das machen wir noch mal) und ihr beginnt die Übung neu. Wenn ihr nämlich ständig „nachverbessern“ müsst, dann denkt der Hund mit der Zeit, dass dieses Nachverbessern zur Übung gehört und führt das immer so aus und dann habt ihr das Problem ihm das fehlerhafte Verhalten wieder abtrainieren zu müssen.
Dies gilt übrigens für jegliches Nachverbessern im Training, nicht nur für diese Übung!!

2. Nachdem wir das Einnehmen der Grundstellung aus dem Gegenüberstehen wiederholt haben, setzen wir beim Training nun das Vorsitzen und das anschließende Einnehmen der Grundposition zusammen.

3. **Der nächste Trainingsschritt ist dann das schnelle, freudige Kommen:** Hier beginnen wir nicht mit kurzem Abstand, sondern gleich mit größerem, etwa 15–20 m Abstand, den Hund zu rufen. Rennen macht Spaß, besonders, wenn am Ziel etwas Tolles wartet. Also trainieren wir genau das. Damit euer Hund auf dem schnellsten Weg und freudig zu euch kommt, muss er wissen, zu euch zu rennen lohnt sich. Ihr kennt euren Hund und wisst, was das Größte für ihn ist. Je nach Hund gibt es jetzt beim HF supertolle Leckerchen oder das Lieblingsspielzeug und ein Spiel mit dem HF, oder … oder … oder … Abwechslung und Spaß sind gefragt!

Was den Hund außerdem veranlasst, unbedingt zu euch kommen zu wollen, ist, wenn er von einem Helfer festgehalten wird, solange ihr mit den tollen Sachen wegrennt auf ca. 20 m Entfernung. Dort dreht ihr euch dann um und ruft euren Hund. Der Helfer lässt den Hund los, wenn ihr ihn ruft – **noch nicht mit HIER rufen!!! – nur mit dem Namen oder mit KOMM!!** – der Hund rennt zu euch hin und ihr macht Party – bei euch ist jetzt der tollste und interessanteste Ort auf dem Hundeplatz. Das HIER-Kommando solltet ihr an dieser Stelle im Training noch nicht verwenden, weil HIER die Bedeutung haben soll: **schnell kommen und vorsitzen.**

In diesem Trainingsschritt wird das zuverlässige und schnelle Kommen erst geübt und bevor wir das HIER-Kommando verwenden, sollte das hundertprozentig klappen. Erst dann setzen wir dieses Kommando drauf.

Und noch ein paar Abrufübungen, die für Abwechslung und Spaß sorgen und das freudige Kommen schon im Welpenalter fördern:

- Der HF läuft weg und versteckt sich in der entsprechenden Entfernung unter einem Leintuch, der bis dahin festgehaltene Hund wird nun gerufen, rennt hin und schlüpft auf der Suche nach seinem HF mit unter das Tuch – C+B.
- Wie oben und jetzt mit dem Zeltversteck, hinter dem sich der Hundeführer versteckt.

- Abrufen durch eine Gasse von verschiedenen Gegenständen.
- Abrufen durch eine Menschengasse.

Das Abrufen

- Abrufen zwischen zwei Mensch-Hund-Teams hindurch.
- Abrufen durch die Beine einer Menschengasse, die einen Beinetunnel bilden.

So trainiert ihr das schnelle Kommen mit viel Spaß und mit immer größerer Ablenkung.

4. Jetzt setzen wir das schnelle Kommen mit dem Vorsitzen zusammen: Die neue Bewegung, die der Hund hier lernen muss, ist **das Abbremsen seiner Geschwindigkeit** vor euch.
   - Wir üben wie bei 3.) das Abrufen und wenn der Hund die letzten paar Meter auf euch zu rennt, dann ruft ihr *„HIER"* (hell, freundlich aufmunternd!!) – woraufhin er das Vorsitzen ausführen sollte, das er ja schon kennt. Je nachdem, wie euer Hund hier reagiert, gebt ihr ihm die bereits bekannten Hilfen nochmal, die er dafür braucht.
   - Und anschließend könnt ihr den Hund mit *„HIER"* (= **schnelles Kommen und Vorsitzen**) rufen.

5. Zwischendurch können wir immer auch mal alle 3 Teilschritte zusammensetzen: Kommen – Vorsitzen und Einnehmen der Grundstellung.

6. Jetzt legen wir den Hund ins DOWN/PLATZ und entfernen uns 20–30 m von ihm, drehen uns um – warten ein paar Sekunden/Zeitspanne langsam vergrößern – gehen zurück und belohnen im Liegen!! – Wenn er zuverlässig liegen bleibt, dann rufen wir ihn aus der Platzposition ab.

VORSICHT!

Bei den Abrufübungen jetzt nicht immer nur den perfekten, ganzen Ablauf trainieren, sondern zwischendurch auch wieder das Spaßabrufen oder mal wieder nur einen Teilschritt trainieren.

Und ihr solltet den Hund öfter beim Zurückgehen im PLATZ belohnen oder mit Spielzeug hinter dem Hund. Wenn immer nur Abgerufen wird und nicht mehr auch nur die PLATZ-Lage belohnt wird, dann besteht die Gefahr, dass euer Hund schon zu euch gerannt kommt, wenn ihr euch nach dem Entfernen zu ihm umdreht, ohne dass ihr das Kommando gegeben habt.

Also häufig diese PLATZ-Lage belohnen und das Kommen nur nach Kommando belohnen, ansonsten einfach die Übung wiederholen mit dem Kommentar *„SCHADE"*!

7. Jetzt können wir das **PLATZ/DOWN aus der Bewegung** noch davor setzen – und fertig ist das Abrufen.

Unsere Bitte an alle Hundeführer

Zum Schluss möchten wir euch noch bitten:

Behandelt euren Hund im Training immer freundlich und fair und habt Geduld. Beobachtet euern Hund ganz genau bei Trainingsproblemen, dann seht ihr, wo genau die Probleme liegen und benutzt euern Kopf, um die entsprechenden Hilfen zu geben und euern Hund zur korrekten Ausführung einer Übung hinzuführen.

Nur wenn die Atmosphäre freundlich und entspannt ist, fühlen sich alle Beteiligten wohl und dann macht das Trainieren Spaß und dementsprechend gut sind die Trainingserfolge.

Um den HFn dies zu verdeutlichen, könnt ihr ein kleines Rollenspiel machen:

Wir spielen zweimal dieselbe Situation durch. Eine Person spielt den Hund und die andere den Hundeführer. Die beiden „Hundeführer" bekommen vom Übungsleiter Anweisungen, was sie zu tun haben, diese Informationen werden den anderen (Zuschauern und „Hunden") nicht bekannt gegeben. Ich beschreibe hier die Szenen, wie sie die Zuschauer zu sehen bekommen und wie sie die „Hunde" im Rollenspiel erleben:

Rollenspiel 1

Wir spielen Fußlaufen an der Leine – dazu hält der „Hundeführer" seinen „Hund" (am Arm oder an der Hand) locker fest: Angehen – nach 3–4 Schritten anhalten und dabei soll der „Hund" die Grundstellung einnehmen = auf exakt derselben Höhe anhalten. Es werden Winkel und Wenden gemacht, in denen der „Hund" den engen Anschluss halten soll. Bei Fehlern wird an der Hand oder am Arm geruckt und der „Hund" wird ausgeschimpft: *„Kannst du nicht aufpassen! Los, jetzt konzentrier dich mal besser! Nochmal!"* Grobe wütende Kommandogebung beim nächsten Angehen – nach 1–2 Schritten – erneut anhalten – und dasselbe Spiel …

Rollenspiel 2

Wir spielen Fuß mit Tempowechseln – bei Fehlern reagiert der Hundeführer so, wie wir das in unserem Buch beschrieben haben – Fehler werden einfach ignoriert oder mit einem nett gesprochenen *„Falsch"*/*„Schade"* kommentiert – mehr Hilfen werden vorübergehend bei Wiederholungsübungen gegeben und das Ganze kann dann für alle Beide mit einem schönen Trainingserlebnis beendet werden …

Anschließend können sich alle Beteiligten dazu äußern. Einmal wird der „schlecht" und „unfair" behandelte „Hund" erzählen, wie er sich bei der Geschichte gefühlt hat im Vergleich zum anderen „Hund". Die „Hundeführer" sollten über ihre Sicht der Dinge reden und auch die Zuschauer haben wohl einiges „bemerkt" und dazu zu sagen.

Ganz nebenbei haben hier dann wohl alle Beteiligten, besonders die „Hunde" gemerkt, wie schwer das eigentlich ist, immer konzentriert zu sein und einen Tempowechsel und ein Anhalten in der korrekten Fußposition richtig mitzumachen.

Und vergesst nie: Habt Spaß mit eurem Hund!!

Die Prüfung

An dieser Stelle möchten wir euch noch eine kleine Geschichte erzählen zum Thema Team-Test oder BH-Prüfung, die zwar ganz lustig ist, aber leider nicht für den betreffenden Hundeführer. Lest sie genau durch und falls bei euch eine Prüfung ansteht, dann vermeidet die Fehler, die der Hundeführer in der Geschichte macht!

Ein Hunde-Prüfling erzählt von seinem Prüfungstag:

7.00 Uhr
Leichte Hektik zu Hause! Meine Chefin kleidet sich ein: saubere Hose, die gute Jacke und die schwarzen Schuhe. Na ja, dann muss ich wohl hier bleiben und sie geht alleine weg. Schade! – Aber wenn ich mitgehen dürfte, dann hätte sie ja sicher die Jacke angezogen, die nach Leckerlies, Spielies und nach mir riecht und sie würde die Turnschuhe tragen, die ich sooo liebe, weil sie nach Feld, Wiese und Wald riechen.

7.30 Uhr
Oh!! Ich darf doch mit! Wir gehen zusammen zum Auto und sie spricht andauernd mit mir und streichelt mich ständig. Warum? Was ist denn bloß los???

Toll!! Wir sind auf dem Hundeplatz. Gut! – Alles OK. Da kenn ich mich aus.

Die anderen sind auch da – wie immer – aber warum dürfen wir jetzt nicht mal kurz spielen?? Alle sind so ernst!! Wir gehen ein Stück und ständig sagt sie: *„Mach doch dein Bächle!"* Komisch, sonst ist das doch auch nicht so wichtig! Es wird heute nicht gelacht und wenn, dann so unnatürlich! **Alle riechen nach Stress!!**

Wenn meine Kumpels von ihren Übungen zurückkommen, werden sie von den Wartenden beklatscht, betätschelt – und manche Hundeführer werden **GETRÖSTET**! Eigenartig!!!

10.00 Uhr
Jetzt sind wir dran! Plötzlich entwickelt sich mein heiß geliebtes Fraule zu einer Fremden. Grob und hektisch zerrt sie mich zum Eingang. Der hastige, steife Schritt und die ernste Miene sind mir äußerst unangenehm. Ich weiche etwas zur Seite. Sofort kommt ein grimmiges *„FUSS"*. Ich folge. – Kein Leckerlie – kein *„FEIN"* oder *„SUPER"* – kein Spielie zur Belohnung, wenn ich mich hinsetze, sobald sie anhält. Warum benimmt sie sich so blöd?? Sonderbar!

10.10 Uhr
Jetzt leint sie mich ab. Ich fühle mich wieder etwas besser. Ich schüttle mich kurz. Anscheinend ist die eisige Phase vorüber. Da zischt sie mir wieder ein unnatürliches *„FUSS"* entgegen. Rechtskurven, Linkskurven, Wendungen, Tempo wechsel, Slalom durch die Menschengruppe und Anhalten haben wir trainiert, und ich kann alles wie im Schlaf. Trotzdem fehlt mir heute die Sicherheit. Ich finde den Faden zu meinem Oberhund nicht. So trotte ich nebenher. Das macht keinen Spaß! Ich fühle mich unwohl. **Gääääähhhnn!!!**

Z Z z z z z

Wieder halten wir an. Sie lobt mich nicht, trotzdem ich doch alles richtig gemacht habe. Ich weiß, dass jetzt mein SITZ aus der Bewegung kommt. Doch der Befehl klingt anders. Gekrächzt! Hat sie denn nun *„SITZ"* oder *„PLATZ"* gesagt? Es irritiert mich. Ich gehe vorsichtshalber in eine Stellung zwischen SITZ und PLATZ. So wird's schon recht sein. Meine Chefin bekommt den bösen Blick, lässt die Schultern herabfallen, ihre Haltung verrät nichts Gutes.

Die Prüfung

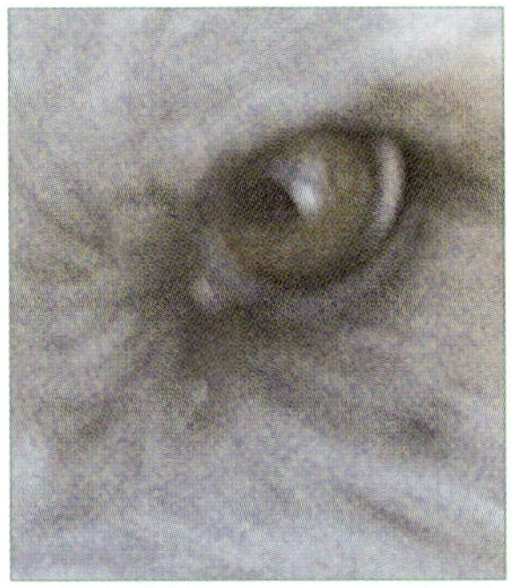

Schnell lege ich mich hin, um meine Ergebenheit auszudrücken. So, wie sie jetzt auf mich zukommt, ist sie mir unheimlich. Jetzt habe ich Magendrücken. Und als sie mir ihr *„SITZ"* zuzischt, kusche ich lieber mal weiter in Liegestellung.

Das erneute Losgehen mache ich zwar automatisch mit, aber als sie *„PLATZ"* herausstammelt, bleibe ich einfach stehen. Jetzt atmet sie auch noch fast hechelnd. Ich begebe mich vorsichtig zu ihr und hoffe, endlich ihr *„BRAV"* zu hören, aber sie wird richtig ärgerlich.

10.20 Uhr
Wir gehen zum markierten Kreis, in dem ich nun ein Platz mache. Mein Mensch entfernt sich und sie schaut dann kurz in meine Richtung. Was war denn das für ein Blick?? Ach so! Wir haben ja noch gar kein *„HIER"* gehabt! Das kommt doch sonst immer noch vor dem Abliegen und Warten!

Da wird sie sich aber jetzt mächtig freuen, dass ich dran denke! Ich starte durch und lege mein allerschönstes Vorsitzen hin und himmle mein Fraule verzweifelt an.

Wieder falsch! Ich spüre es an ihrer Körpersprache!

Da fällt mir was ein! Sie ist doch immer ganz begeistert, wenn ich morgens rasch mein Häufchen erledige. Vielleicht erheitert sie das? Vielleicht bekomme ich sogar ein Extra-Leckerlie? Ich laufe schnell seitlich an den Rand des Hundeplatzes und befreie mich, körperlich und seelisch.

Ich komme ja gleich wieder.

Jetzt wird alles gut!

Doch wie schrecklich!

Wie sie mich anschaut!!

Großer allmächtiger Wolf, bewahre mich vor dem Tierheim! Lass es Abend werden!

Denn morgen wird sicher alles wieder gut.

Die Prüfung

Nachdem ihr nun in der Geschichte gesehen habt, wie ihr am Prüfungstag Fehler vermeiden könnt, möchten wir euch noch ein paar **Tipps für eure Prüfungsvorbereitungen** geben:
In den Wochen vor der Prüfung sollte der HF häufig das **Laufschema der Prüfung** abgehen – aber ohne den Hund – damit er sich darin total sicher in der Schrittfolge und den Winkeln und Wendungen fühlt und die Tempowechsel an den richtigen Stellen macht – kurz gesagt, der HF muss das Schema perfekt beherrschen.

Das gesamte Schema in jedem Training auf dem Platz mit dem Hund zu trainieren, bringt aber nichts. Im Gegenteil, der Hund verliert den Spaß am monotonen Trainingsablauf und da er dann schon alles auswendig kann, wird er sich nicht mehr auf euch und eure Anweisungen konzentrieren. Er weiß ja eh, was kommt.

Trainiert auch in den Wochen vor der Prüfung so, wie wir das in unserem Buch beschrieben haben und baut immer wieder einzelne Teile aus dem Prüfungs-Lauf-Schema mit ein.

In der Prüfung dürft ihr keine Motivationsmittel (Futter oder Spielzeug) dabei haben. Auch darauf sollten wir unseren Hund vorbereiten – aber nicht dadurch, dass nun im Training nicht mehr belohnt wird – im Gegenteil! Es wird häufig belohnt, aber folgendes gilt es dabei zu beachten:

1. Die Belohnungshappen befinden sich nicht ständig in der linken Hosen- oder Jackentasche. Die linken Taschen sind leer und riechen nicht nach Futter. So weiß der Hund nicht, wo nun die Leckerchen sind und ob ihr überhaupt welche dabei habt. Nach dem Click/Belohnungswort erscheinen sie mal aus der rechten Tasche – mal aus der Brusttasche – mal rennen wir zusammen mit dem Hund zu einer Stelle, an der sich ein Leckerchendepot – natürlich unerreichbar für den Hund, falls er das alleine, ohne euch ausprobieren sollte – befindet ...

2. Es gibt auch die Möglichkeit, den Hund mit Streicheln und Worten zu belohnen. Ihr könnt auch mit Worten so belohnen, dass ihr eurem Hund sagt: *„Gut! Weiter so!"*

Hier aber natürlich nicht das Belohnungswort verwenden! Denn das wär unfair dem Hund gegenüber, weil es ja nun hierfür kein Leckerchen gibt.

In den Prüfungen beginnt und endet jede Einzelübung in der Grundstellung. Das Loben ist nach jeder beendeten Übung erlaubt und danach kann der Hundeführer eine neue Grundstellung einnehmen. Zwischen Lob und Neubeginn ist ein deutlicher Zeitabstand (ca. 3 Sekunden) einzuhalten.

Zwischen Leinenübung und Freifolge, oder wenn es im Obedience heißt: *„Übung beendet!"*, dann darf man also in der Prüfung den Hund mit Worten loben und knuddeln und sich über eine gute Leistung zusammen mit dem Hund freuen, bevor es weiter geht mit der nächsten Prüfungseinheit. **Übt das im Training auch!**

3. Gebt die Leckerchen nicht immer am Ende einer Übungseinheit. Trainiert zum Beispiel eine längere Leinenübung, belohnt mal zwischendurch, etwa bei einem Tempowechsel und am Ende der Leinenübung macht ihr das Anhalten mit Grundstellung und beendet damit die Leinenübung. Nun gibt es Wortlob und Streichelbelohnung. Anschließend hakt ihr die Leine ab und beginnt mit der Grundstellung für eine Fußübung ohne Leine und belohnt dann erst in der Grundstellung mit C+B. Ein anders Mal belohnt ihr dann erst mitten in der Übung ohne Leine wieder …

Nicht berechenbar sein für den Hund! Der Hund soll nie wissen, wann es die Belohnung gibt, aber dass es sie für gute Arbeit gibt, muss er wissen und sich dessen sicher sein können.

4. Ein Hund, der Neues lernt, braucht ganz viel Belohnung – C+B – für alle kleinen Teilschritte zum Zielverhalten hin. Wenn an einem Problem trainiert wird, ist das ebenso – auch hier wieder vorübergehend viel C+B. Ein Hund, der kurz vor der Prüfung steht, sollte eigentlich alle Übungen, die in der Prüfung verlangt werden beherrschen und man kann daher auch im Training mal längere Übungseinheiten ohne C+B machen. Dann aber ganz heftig loben – C+Jackpot und Spiel.

Die Prüfung

Und ihr dürft dann nicht den Fehler machen lauter so lange belohnungslose Einheiten zu trainieren, sondern zwischendurch immer auch mal wieder an einer Stelle belohnen, die der Hund richtig gut gemacht hat.

Es gibt „Stundenlohn, Tageslohn, Wochenlohn und Monatslohn" – das übertragt ihr auf die Arbeit mit eurem Hund und darin bewegt ihr euch – je nachdem, was für euch beide als Team in der jeweiligen Übungssituation passt.

So etwa 2–3 Wochen vor dem Prüfungstermin macht ihr eine **Generalprobe** und lauft die Prüfung, wobei ihr euch nach Möglichkeit filmen lasst und anschließend beim Anschauen mit eurem Übungsleiter besprecht, was noch trainiert und verbessert werden kann. Das übt ihr dann wieder im Spaßtraining.

Trainiert dann nicht zu viel und zu oft in den Tagen direkt vor der Prüfung, lasst euren Hund lieber in Ruhe, sodass er am Prüfungstag mal wieder „Lust" auf Arbeit hat.

Und nun bleibt uns nur noch zu wünschen, dass euch unsere Ausführungen weiterhelfen und ihr eine tolle Prüfung ablegt und natürlich bewundert werdet für eure schöne Fußarbeit.

1. PLATZ
Obedience Beginner

Prüfungs-Laufschema

GRÜN .....Normalschritt
ROT.........Laufschritt
BLAU ......Langsamer Schritt
S ....Schritte
RW..........Rechter Winkel
LW ....Linker Winkel
H.............Anhalten

1. Grundstellung und Start für die Leinenführigkeit und die Freifolge.
2. Grundstellung nach Anhalten und Ende von Leinenführigkeit und Freifolge beim Team-Test.
3. Bei der BH geht es nach dem Laufweg der Leinenführigkeit in die Menschengruppe und die Freifolge beginnt durch die Menschengruppe und dann wieder bei 1 in der Grundstellung – Ende der Freifolge auch in der Grundstellung bei 2. Im U-Bogen geht man jeweils eine Linkswende.

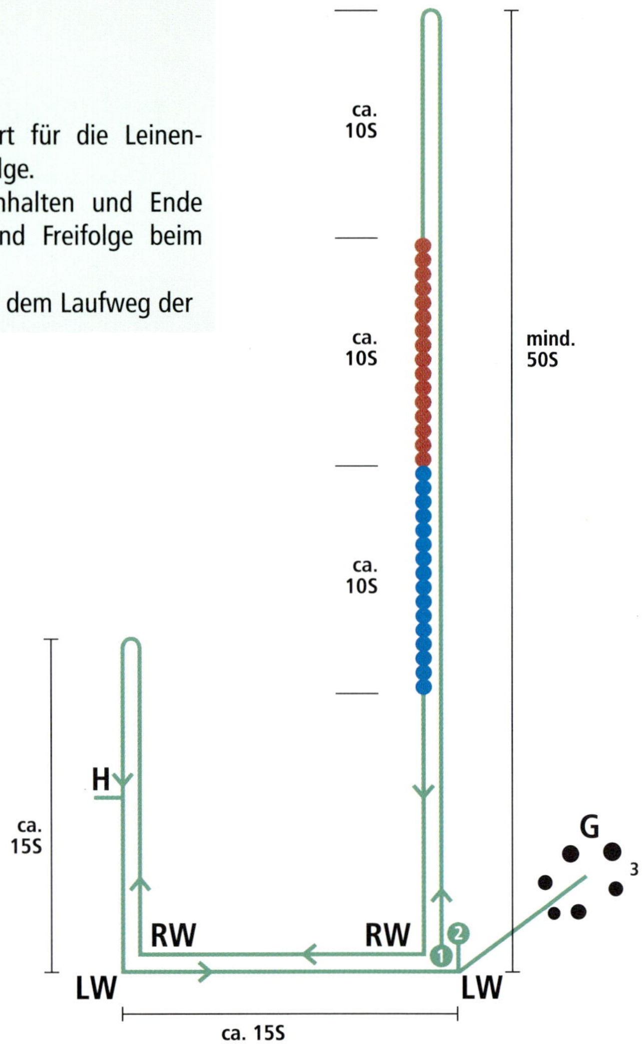

Sitz und Platz aus der Bewegung

S ....Normalschritte
BH .....Begleithundeprüfung
TT ......Team-Test
GS .....Grundstellung

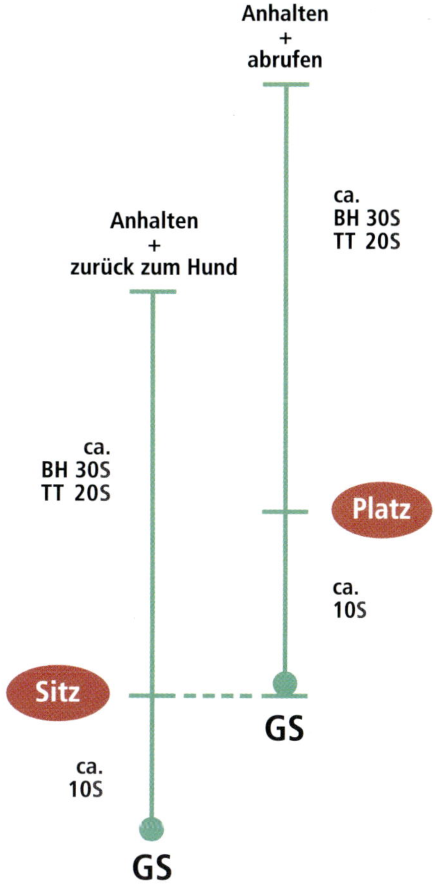

Unser kleines Lexikon

Hier findet ihr kurze Erklärungen zu allen Fachwörtern, die in unserem Buch verwendet werden. Ausführlichere Erklärungen hierzu gibt es auch auf unserer Homepage.

Belohnungswort
Ein kurzes, hell und freundlich gesprochenes Lobwort, auf das immer eine Belohnung folgt (zum Beispiel: *FEIN – TOLL – JAA ...*).

BH
Begleithundeprüfung, deren größter Teil aus Fußarbeit besteht.

Dogdance
Hundesportart, in der neben vielen anderen Elementen eine saubere Fußarbeit zur Musik gezeigt wird.

C+B
Click und Belohnung = Click für alle, die mit dem Clicker arbeiten oder Belohnungswort für alle, die nicht mit dem Clicker arbeiten und anschließend sofort die Belohnung in Form von Leckerchen oder Spiel.

Clicker
Eine Art Knackfrosch, der ein ganz spezielles Knackgeräusch macht und in der Hundeerziehung dafür verwendet wird, dem Hund zu sagen: *„Ja! Das hast du richtig gemacht. Dafür gibt es ein Leckerchen!"*.

Clickerhunde
Hunde die gewohnt sind, mit dem Clicker zu arbeiten – sie bieten von sich aus viele verschiedene Verhaltensweisen an, um rauszubekommen, wofür es den Click gibt.

Clickertraining
Arbeit mit dem Clicker – Kreativitätsübungen und Verhalten formen/Hinführen zum gewünschten Verhalten.

Futterlocken
Mit Leckerchen in der Hand wird der Hund zum Zielverhalten geführt.

HF
Hundeführer

Konditionieren
Dem Hund beibringen, dass auf ein Clickgeräusch oder auf das Belohnungswort hin immer eine Belohnung folgt. Dies geht ganz einfach so, dass man das Wort/Geräusch ertönen lässt und daraufhin sofort in den Leckerchentopf/-beutel fasst und dem Hund ein Leckerchen gibt. Dies tut man ein paar Mal hintereinander, dann kennt der Hund das Wort/Geräusch und ordnet es als etwas Tolles ein.

Obedience
Hundesportart, bei der es um Gehorsamkeit geht und die zu einem großen Teil aus sauberer Fußarbeit besteht.

Shapen
Formen/mit dem Clicker kann man alle Teilschrittchen einer Übung in die richtige Richtung bestätigen, sodass man den Hund hinführen kann zum Zielverhalten, indem man alle Verhaltensangebote, die der Hund macht, im richtigen Moment bestätigt und belohnt und alles andere einfach ignoriert.

Target
Ein Ziel für den Hund, das er mit der Nase berühren soll, z. B. die Hand, die Spitze eines Target-Stabs oder eine Fliegenklatsche/oder ein Ziel, das er mit den Pfoten berühren soll, z. B. ein ausgelegtes Teppichstück, zu dem der Hund geschickt wird.

Target-Training
Man bringt dem Hund bei, so ein Ziel, wie oben beschrieben, zu berühren, sodass er das auf Kommando („*TOUCH*" oder „*NASE*" oder „*PFOTE*") tut.

Team-Test
Eine Prüfung im Hundesport, die viel Fußarbeit enthält.

Ein kleines Dankeschön

Und nun möchten wir noch allen unseren tollen Seminarleitern – lauter erfahrene und erfolgreiche Hundesportler – danken, dass sie uns Einblick in ihre Arbeitsweise gewährt haben und uns so viele brauchbare Tipps und Ideen gegeben haben.

Seminare und Kurse haben wir besucht bei:

Nicole Weber .... .Obedience und Dogdance
Birgit Laser .... .Clickertraining, Agility und Obedience
Denise Nardelli .... .Clickertraining und Dogdance
Claudia Moser .... .Clickertraining und Dogdance
Attila Szkukalek .... .Clickertraining und Dogdance
Brigitte Lau .... .Obedience und Dogdance
John van Hemert .... .Obedience
John Eklöf .... .Obedience
Doris Leopold .... .Agility und Unterordnung
Nina Miodragovic .... .Clickertraining
Hetty van Hassel .... .Clickertraining, Dogdance und Obedience
Klaus Knösel .... .Unterordnung
Michaela Köppel .... .Dogdance
Clickerteam vom VdH Reutlingen .... .Unterordnung und Obedience
Obedience-Trainer vom VSGH Reutlingen Betzingen
Tübinger Hundeschule

Kleine Berichte zu den Seminaren könnt ihr auf unserer Homepage nachlesen: www.dancing-bobtail.de

Und Bücher, Videos und DVDs von diesen Hundesportlern haben uns überzeugt:

Nina Miodragovic
Attila Szkukalek
Mary Ray
Richard Curtis
Martin Pietralla
Uwe Wehner
Denise Nardelli
Imke Niewöhner
Birgit Laser
Brigitte Lau
Angela White

Dankeschön

Und nicht zuletzt gilt unser Dank **Gabi** und **Andi** mit **Shilo** (6 Monate alt auf den Fotos) und **Rocky** (2 Jahre alt auf den Fotos) und unserem **Christoph**, weil sie all die superschönen Fotos gemacht haben und uns als Models zur Verfügung standen.

Und noch ein Dankeschön an den besten Hund der Welt! Schön, dass es dich gibt!

Wir bedanken uns auch bei unseren Trainingsgruppen, die uns immer wieder zeigen, wie schön ein Team in der sauberen Fußarbeit anzuschauen ist und uns erlaubt haben, einige der Trainingsbilder in unserem Buch zu verwenden.